普通高等学校艺术设计专业"十三五"规划教材

3Ds Max
项目化实用教程

主 编 王 雪

副主编 姚争儿 袁 琳 兰海明
黄宇敏 高家骥 余雅师

江苏大学出版社
JIANGSU UNIVERSITY PRESS

镇 江

图书在版编目(CIP)数据

3Ds Max 项目化实用教程 / 王雪主编. — 镇江：江苏大学出版社，2018.6
ISBN 978-7-5684-0859-2

Ⅰ. ①3… Ⅱ. ①王… Ⅲ. ①三维动画软件－教材
Ⅳ. ①TP391.414

中国版本图书馆 CIP 数据核字（2018）第 132671 号

3Ds Max 项目化实用教程

3Ds Max Xiangmuhua Shiyong Jiaocheng

主　　编/王　雪
责任编辑/徐　婷
出版发行/江苏大学出版社
地　　址/江苏省镇江市梦溪园巷 30 号（邮编：212003）
电　　话/0511-84446464（传真）
网　　址/http://press.ujs.edu.cn
排　　版/镇江华翔票证印务有限公司
印　　刷/南京孚嘉印刷有限公司
开　　本/787 mm×1 092 mm　1/16
印　　张/12.75
字　　数/315 千字
版　　次/2018 年 6 月第 1 版　2018 年 6 月第 1 次印刷
书　　号/ISBN 978-7-5684-0859-2
定　　价/55.00 元

如有印装质量问题请与本社营销部联系（电话:0511-84440882）

3Ds Max 软件是目前应用最为广泛的环境艺术与建筑装饰设计软件之一。本书采用 3Ds Max2017 软件，共包括 24 个基础项目和 1 个综合项目，涵盖了从建模、灯光、材质、摄影机到渲染器等内容，通过项目化案例的方式，对 3Ds Max 软件基础知识进行系统的讲解，针对性强、结构清晰、由浅入深、通俗易懂，重点难点突出，有较强的针对性与实用性。

王雪，设计艺术学硕士，中国设计师协会会员，NACG 认证电脑艺术设计师，大学生多媒体设计竞赛专业评委，白金创意赛事、学院奖、浙江省大学生多媒体设计竞赛指导教师，金犊奖特约推广教师。

前言 Foreword

3Ds Max 软件是目前应用最为广泛的环境艺术与建筑装饰设计软件之一，功能强大、简单易学，使用人群广泛，便于沟通与交流，因此深受广大用户的喜爱。

本书采用 3Ds Max2017 软件，共包括 24 个基础项目和 1 个综合项目，涵盖了从建模、灯光、材质、摄影机到渲染器等内容，通过项目化案例的方式，对 3Ds Max 软件基础知识进行系统的讲解，针对性强、结构清晰、由浅入深、通俗易懂。在本书的编写过程中，编者对各个知识点与各项目内容做了合理的规划与精心组织，重点难点突出，有较强的针对性与实用性。

本书是编者在总结多年教学经验的基础上编写而成的，但由于水平有限，书中难免存在疏漏与不足，希望专家和读者批评指正。

本书既可以作为环境艺术与建筑装饰设计类专业教材，也可以作为室内设计爱好者的学习工具书。本书配有电子教学课件、教学视频、工程文件及相关资源，请有需要的读者登录中国高校教材网 www.nantubook.com 免费下载。

目录 Contents

第 1 章　初识 3Ds Max 2017

1.1　3Ds Max 的操作界面与制作流程

 知识预备

❖ 3Ds Max 2017 简介

3Ds Max 是由美国 Autodesk 公司出品的基于 PC 系统的三维动画制作和渲染软件，广泛应用于三维动画、产品设计、室内设计、建筑设计等领域。它的建模功能强大、成熟、灵活、易操作，配合 VRAY 渲染器可以制作出逼真的材质和光影效果。

❖ 3Ds Max 的操作界面

3Ds Max 操作界面由标题栏、工具栏、状态栏、视图区、动画控制区、显示控制区、命令面板等部分组成，如图 1-1 所示。

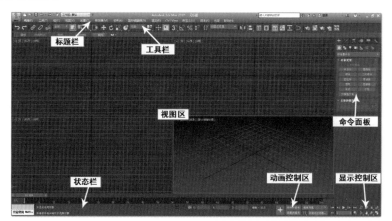

图 1-1　3Ds Max 的操作界面

❖ 3Ds Max 主工具栏

通过主工具栏可以快速访问 3Ds Max 中用于执行常见任务的工具和对话框。如果主工具栏不可见，可以在"自定义"→"显示 UI"子菜单中将其打开，3Ds Max 主工具栏如图 1-2 所示。如果主工具栏比 3Ds Max 窗口（甚至比计算机屏幕）宽，可以拖动工具栏的灰色区域来平移工具栏具体工具。

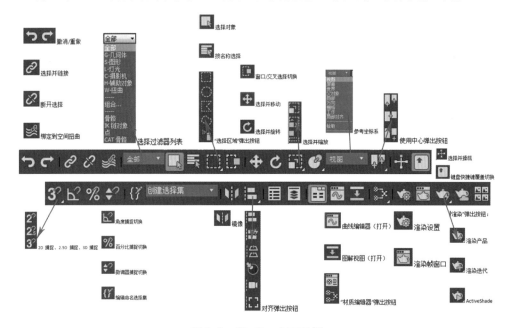

图 1-2　3Ds Max 主工具栏

注意：右击"选择并移动"按钮 ✛ 、"选择并旋转"按钮 ↻ 、"选择并缩放"按钮 ▦ ，可分别打开移动、旋转、缩放的"变换输入"对话框。

❖ 3Ds Max 制作流程

3Ds Max 的基本制作流程为建立模型、编辑材质与贴图、设置灯光、创建摄像机、渲染场景。

项目 1　角落里的茶壶

学习目标

通过实战对 3Ds Max 的操作界面有所了解，同时完成内置标准基本体、材质、灯光、摄像机的创建与简单调节到渲染出图，熟悉软件基本的操作流程。

技术掌握

操作界面与制作流程。

学习重点

"选择并缩放"按钮 、"选择并移动"按钮 ✛、"对齐"按钮 ▦。

实 战

一、建立模型

1. 启动 3Ds Max 2017。在创建面板中单击"几何体"按钮 ●，设置几何体类型为"标准基本体"，接着单击"长方体"按钮在顶视图拖拽光标创建长方体 box001，在右侧的命令面板中单击"修改"按钮 ▨，进入修改面板，然后在"参数"卷展栏下设置具体参数，也可以使用键盘输入在创建之前就对参数进行设置，如图 1-3 所示。

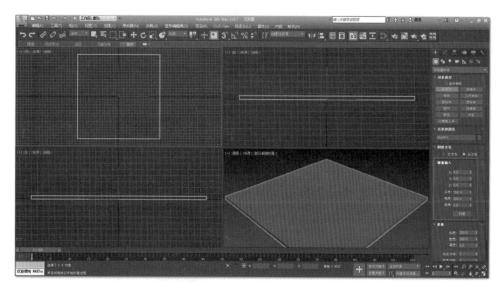

图 1-3 创建几何体

2. 继承参数。在前视图与左视图分别创建一个长方体 box002 \ box003，具体参数设置如图 1-4 所示。

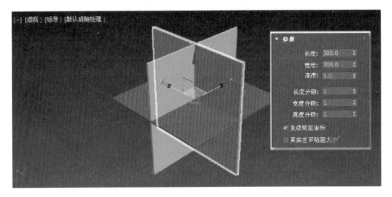

图 1-4　继承参数

3. 使用"对齐"按钮 完成对齐操作。在前视图选择 box002 后单击 并移动光标，在 box001 上单击弹出对话框，分别设置 X/Y/Z 轴向对齐属性，单击"应用"按钮确认，全部设置完成后单击"确定"按钮退出；同理设置 box003 位置，最终效果如图 1-5 所示。

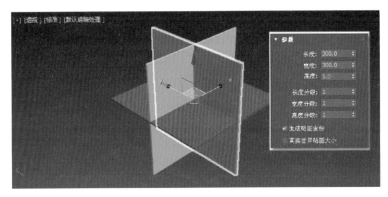

图 1-5　对齐操作

4. 在创建面板中单击"几何体"按钮，设置几何体类型为"扩展基本体"，接着单击"切角长方体"按钮在顶视图拖拽光标创建切角长方体，在右侧的命令面板中单击"修改"按钮，进入修改面板，然后在"参数"卷展栏下设置具体参数，如图 1-6 所示。

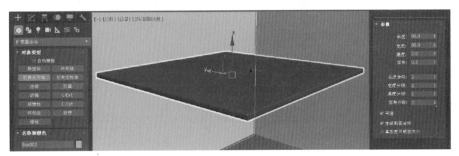

图 1-6　创建扩展基本体

5. 在顶视图创建"几何体"→"圆环"作为桌腿支撑架，与桌面中心对齐。具体参数与模型位置如图 1-7 所示。选择圆环，单击"对齐"按钮 将圆环与桌面中心对齐，如图 1-8 所示。

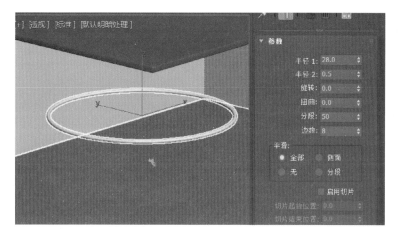

图 1-7　创建桌腿支撑架

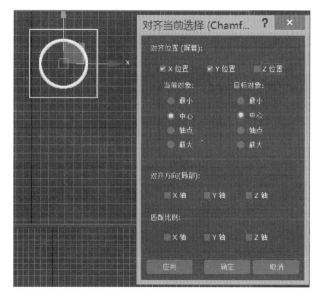

图 1-8　圆环与桌面中心对齐

6. 使用圆锥体创建桌腿，具体参数与圆环相对位置如图 1-9 所示。

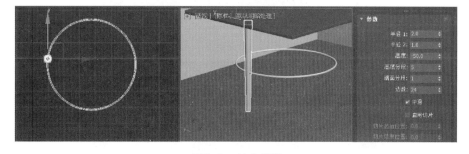

图 1-9　创建桌腿

7. 选择桌腿，更改其坐标系为"拾取"，拾取对象为圆环，如图 1-10 所示。右键单击"角度捕捉"
按钮 ，在弹出的对话框中设置捕捉"角度"为 90.0 度，如图 1-11 所示。

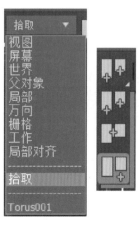

图 1-10　更改坐标系为"拾取"　　　　　　　图 1-11　设置捕捉"角度"

8. 激活"角度捕捉"按钮，选择桌腿，按住【Shift】键，配合使用旋转工具旋转复制 4 个桌腿，模型位置如图 1-12 所示。选择 4 条桌腿，单击菜单栏"组"→"组"进行编组，如图 1-13 所示。

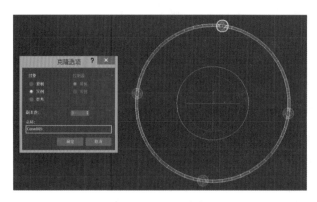

图 1-12　复制 4 个桌腿　　　　　　　　　　图 1-13　编组

9. 为编组后的桌腿添加锥化修改命令，具体参数如图 1-14 所示。

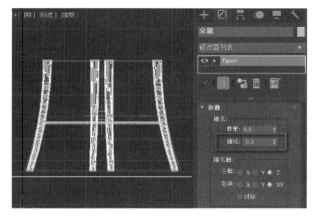

图 1-14　添加锥化修改命令

10. 使用"切角圆柱体"工具创建沙发墩子，并按住【Shift】键移动鼠标进行复制，复制出 3 个墩子，利用"选择并移动"按钮  摆放到桌子的四周，具体参数与模型位置如图1-15所示。

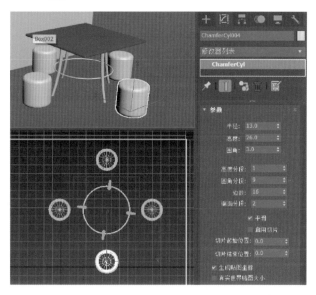

图1-15　创建沙发墩子

11. 在创建面板中单击"几何体"按钮 ⬤，设置几何体类型为"标准基本体"，接着单击"茶壶"按钮在顶视图拖拽光标创建茶壶，然后单击"球体"，在茶壶旁创建球体，模型位置如图1-16所示。

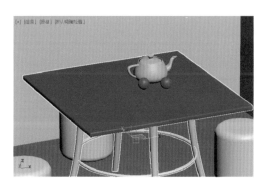

图1-16　创建茶壶　　　　　图1-17　勾选"自动栅格"

注意:

❖ 创建内置基本体时，勾选自动栅格，新创建的对象将以当前对象为栅格。

❖ 创建球体时，勾选"轴心在底部"，同时勾选"自动栅格"，可直接将球体对齐到桌面，如图1-17所示。

二、编辑材质与贴图

1. 使用  工具，打开"材质编辑器"，选择一个空白材质球，设置材质类型为"标准"，将其命名为"乳胶漆"，单击"将材质指定给选定对象"按钮 与"视口中显示明暗处理材质"按钮，将材质指定给已创建完成的墙壁，具体参数设置与效果如图1-18所示。

图1-18　打开"材质编辑器"

2. 选择一个空白材质球，设置材质类型为"标准"，将其命名为"桌面"，设置高光级别为39，光泽度为34，在"反射"贴图通道加载一张"平面镜"程序贴图，设置数量为5，具体参数设置与效果如图1-19所示；同理完成地面材质编辑。

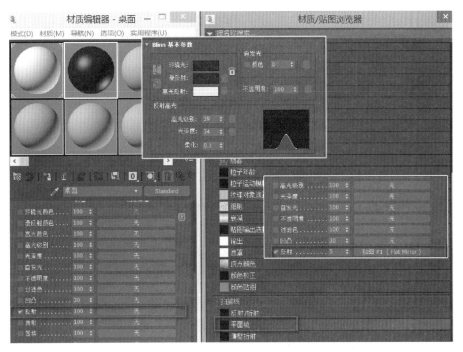

图1-19 桌面"平面镜"程序贴图

3. 选择一个空白材质球，设置材质类型为"建筑"材质，将其命名为"茶壶与球"，加载 瓷砖,光滑的 模板，设置漫反射颜色为白色，指定材质给茶壶与球，如图1-20所示。

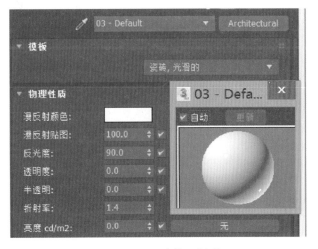

图1-20 "建筑"材质

4. 为桌腿添加金属材质效果，如图1-21所示。

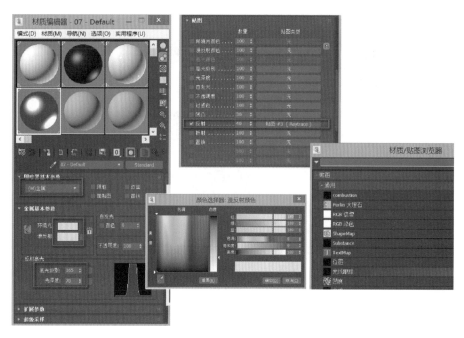

图 1-21　"金属"材质

5. 将制作好的贴图指定给场景中的物体，然后按【F9】键快速渲染观察效果，如图 1-22 所示。

图 1-22　渲染观察效果

三、设置灯光

在创建面板中单击"灯光"按钮 💡，设置灯光类型为"标准"，在顶视图单击创建一盏"泛光灯"，然后在右侧的命令面板中单击"修改"按钮 ✏️，进入修改面板，然后在"常规参数"卷展栏下设置阴影启用，"阴影密度"为 0.4，泛光位置与参数如图 1-23 所示。

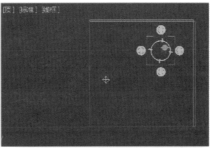
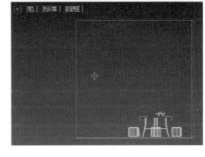

图1-23 创建一盏"泛光灯"

四、创建摄像机

在创建面板中单击"摄像机"按钮，设置灯光类型为"标准"，在顶视图单击创建一台"目标"摄像机，然后在透视图按快捷键【C】，将透视图转变为摄像机视图，摄像机位置与参数如图1-24所示。

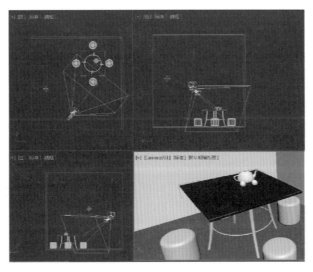

图1-24 创建一台"目标"摄像机

五、渲染场景

使用 工具，打开渲染设置，时间输出设为"单帧"，渲染输出指定文件位置，保存文件。单击"渲染"按钮完成输出。完成效果如图 1-25 所示。

图 1-25　完成效果

1.2　3Ds Max 工作界面优化

知识预备

❖ 3Ds Max 工作界面优化：

■ 更改界面风格："自定义"→加载自定义用户界面→打开 3Ds Max 2017 安装目录下的"UI"文件。

■ 单位设置："自定义"→设置系统单位→"毫米"（习惯）。

■ 隐藏视图导航图标："视图"→"视口配置"→取消勾选"ViewCube"。

■ 锁定布局："自定义"→"锁定 UI 布局"。

■ 关闭视口布局选项卡与 VRay 工具栏。

❖ 捕捉工具组：▓▓▓▓，其中，▓ 为"捕捉开关"工具，▓ 为"角度捕捉切换"工具。

❖ 捕捉开关：捕捉开关工具（快捷键为【S】）包含"2D 捕捉"工具 2° 、"2.5D 捕捉"工具 2° 、和"3D 捕捉"工具 3° 。

■ 2D 捕捉 2° ：主要用于捕捉活动的栅格。

■ 2.5D 捕捉 2° ：主要用于捕捉结构或捕捉根据网格得到的几何体。

■ 3D 捕捉 3° ：主要用于捕捉 3D 空间中的任何位置。

注意：右击捕捉开关工具可以打开"栅格与捕捉设置"对话框，在该对话框里可以设置捕捉类型与捕捉的相关选项。

项目1　简欧沙发

学习目标

通过实战熟悉软件工作界面优化，按需要设置单位，掌握标准基本体与扩展基本体建模方法，熟练旋转、移动、捕捉、复制等工具的使用。

技术掌握

界面优化、捕捉工具及轴控制。

学习重点

"捕捉开关"工具 3° 、"角度捕捉切换"工具 ∠° 、"选择并旋转"工具 ↻ 。

实　战

1. 隐藏视图导航图标："视图"→"视口配置"→取消勾选"ViewCube"，如图 1-26 所示。

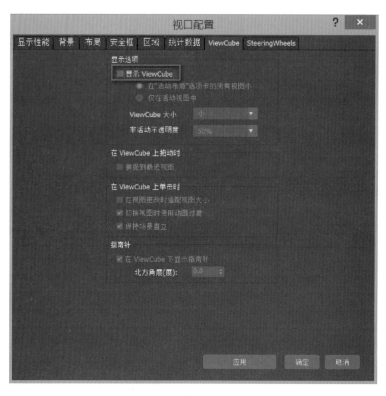

图 1-26 隐藏视图导航图标

2. 设置系统单位为"毫米",如图 1-27 所示。

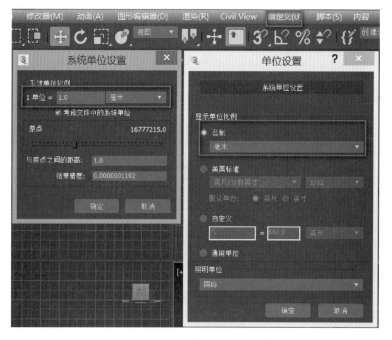

图 1-27 设置系统单位为"毫米"

3. 设置几何体类型为"标准基本体",使用"管状体"工具在场景中创建一个管状体,接着在"参数"卷展栏下设置"半径1"为850.0 mm、"半径2"为750.0 mm、"高度"为150.0 mm、"高度分段"为1、"边数"为4，具体参数及模型效果如图1-28所示。

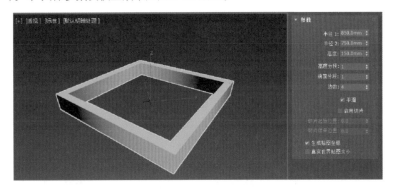

图1-28　创建一个管状体

4. 按【A】键激活"角度捕捉切换"工具，右击设置捕捉"角度"为45.0度，如图1-29所示；然后按【E】键选择"选择并旋转"按钮，在顶视图将管状体旋转45.0度。

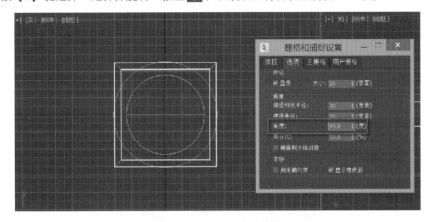

图1-29　设置捕捉"角度"

5. 按【S】键激活"捕捉开关"工具，右击设置捕捉类型为"边/线段"，如图1-30所示。

图1-30　设置捕捉类型

6. 设置几何体类型为"标准基本体"，使用"长方体"工具在场景中捕捉管状体的两条对边创建一个长方体，接着在"参数"卷展栏下设置"长度"与"高度"参数，然后按【W】键选择"选择并移动"按钮 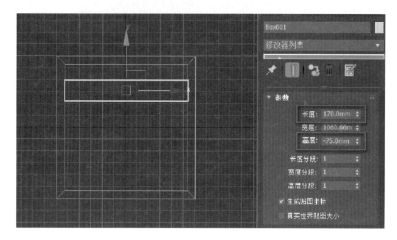 沿 Y 轴向下移动到合适位置，如图 1-31 所示。

图 1-31　创建一个长方体

7. 在顶视图选择上一步创建的长方体，按住【Shift】键沿 Y 轴向下移动，在弹出的"克隆选项"对话框中设置"对象"为"实例"、"副本数"为 2，最后单击"确定"按钮，如图 1-32 所示。

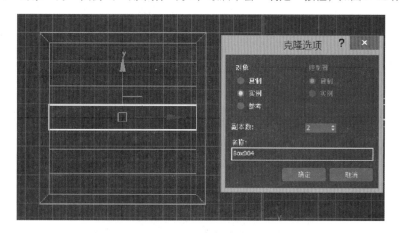

图 1-32　实例克隆

8. 使用"长方体"工具在左视图创建一个长方体，然后在"参数"卷展栏下设置具体参数，并复制一个长方体拖放到合适位置，具体参数及模型效果如图 1-33 所示。

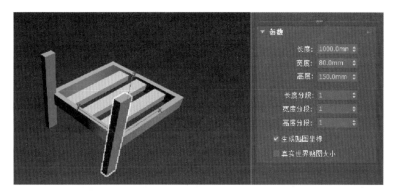

图 1-33 创建长方体

9. 按【S】键激活"捕捉开关"工具，右击 设置捕捉类型为"顶点"，然后继续用"长方体"工具在顶视图中捕捉上一步创建的两个长方体外侧顶点创建一个长方体，接着在"参数"卷展栏下设置"高度"为 80.0 mm，如图 1-34 所示。

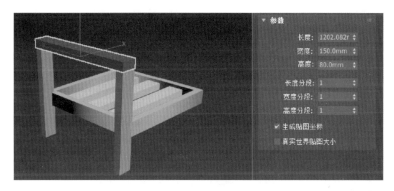

图 1-34 捕捉创建长方体

10. 框选构成沙发扶手的 3 个长方体，使用菜单"组"进行编组，在弹出的"组"对话框中将其命名为"沙发扶手"，并复制一个拖放到对称位置，如图 1-35 所示。

11. 用同样的方法完成沙发靠背的建模，模型效果如图 1-36 所示。

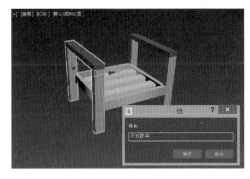

图 1-35 使用菜单"组"进行编组

图 1-36 完成沙发靠背的建模

12. 创建沙发坐垫与靠垫。设置几何体类型为"扩展基本体"，使用"切角长方体"工具在顶视图中创建一个切角长方体，接着在"参数"卷展栏下设置"长度"为1110.0 mm、"宽度"为1130.0 mm、"高度"为230.0 mm、"圆角"为30.0 mm、"圆角分段"为3，具体参数及模型效果如图1-37所示。

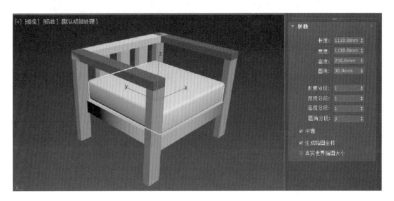

图1-37　创建沙发坐垫

13. 单击"层次"按钮 选择"轴"→"仅影响轴"，移动"坐垫"轴到图1-38位置。

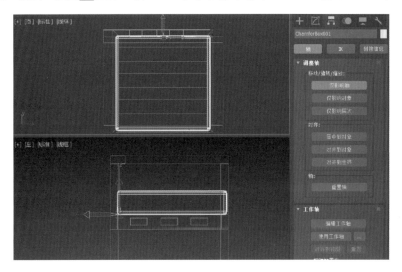

图1-38　调整"轴"

14. 关闭"仅影响轴"按钮，然后按【E】键选择"选择并旋转"按钮 ，同时按住【Shift】键，旋转复制靠背到如图1-39位置。

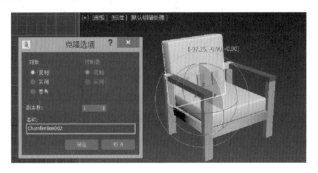

图1-39　旋转复制靠背

15. 选择靠背，调整参数并移动到合适位置，具体参数及模型效果如图1-40所示。

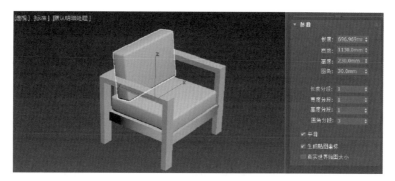

图1-40　模型效果

第 2 章　3Ds Max 建模

2.1　样条线建模

 知识预备

在 3Ds Max 中，高级建模的方法有很多，样条线建模是其中最为常用的一种。样条线常常配合"挤出""倒角""车削"等二维图形修改器及"图形合并""放样"等复合对象创建命令来完成建模。

❖ 样条线

在"创建"面板中单击"图形"按钮，然后设置图形类型为"样条线"，共有 12 种样条线，分别是线、矩形、圆、椭圆、弧、圆环、多边形、星形、文本、螺旋线、卵形和截面，如图 2-1 所示。

1. 线

线是建模中最常见的一种样条线。线的顶点有 3 种类型，分别是"角点""平滑"和"Bezier"，可以通过右键来转换顶点类型。

2. 其他类型

除"线"以外的其他类型样条线创建以后均需要利用修改器列表提供"编辑样条线"命令对图形进行编辑修改。"编辑样条线"命令针对样条线类型的对象进行修改编辑，包括"顶点""分段""样条线" 3 个级别，如图 2-2 所示。

图 2-1　样条线　　　　　　　　　　　图 2-2　子级别

注意：

1. 在"渲染"卷展栏中勾选"在渲染中启用"才能渲染出样条线，勾选"在视口中启用"后样条线以网格形式显示在视图中，如图 2-3 所示。

2. "插值"卷展栏中"步数"主要用来调节样条线的平滑度，步数值越大，样条线越平滑，如图 2-4 所示。

3. 通过右击快捷菜单执行"转换为"→"转换为可编辑样条线"命令，将样条线塌陷为"可编辑样条线"完成修改编辑。

图 2-3　"渲染"卷展栏　　　　　　　图 2-4　"差值"卷展栏

4. "开始新图形"按钮旁边的复选框可决定何时创建新图形。启用该选项后，3Ds Max 会对创建的每条样条线都创建一个新图形对象。禁用该选项后，样条线会添加到当前图形上，直到单击"开始新图形"按钮。

5. 要使用键盘输入创建图形，操作步骤如下：

- 单击图形创建按钮 。
- 展开"键盘输入"卷展栏。
- 输入第一个点的 X、Y 和 Z 值。
- 输入其余参数字段的值。
- 单击"创建"按钮。

项目 1　中国结

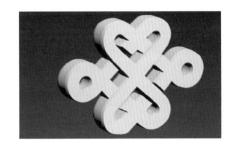

学习目标

通过实战熟悉样条线的基本类型，掌握线的创建与编辑方法，掌握倒角修改器的使用。

技术掌握

样条线、顶点的类型。

学习重点

线的编辑、顶点的类型与调节。

实　战

1. 在前视图创建一个"平面"，给该平面添加贴图作为建模参考图，按快捷键【G】关闭栅格以便于观察，如图 2-5 所示。

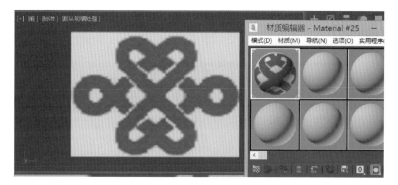

图 2-5　创建一个"平面"为建模参考

2. 单击"创建图形"按钮 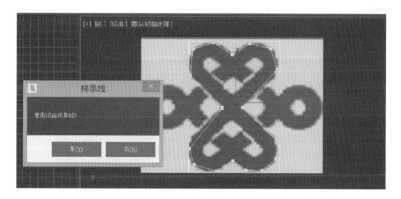，选择"样条线"对象类型为"线"，参考步骤 1 中的图形，开始线
的创建和编辑，线创建完成后会弹出"样条线"对话框，选择"是"完成闭合，如图 2-6 所示。选择外
轮廓样条线，在顶点层级右击，设定除 4 个尖角位置点以外的所有点为"平滑"类型。

图 2-6　创建图形

3. 添加内部线，设置顶点类型，参考底图调整至合适形状及位置，并使用镜像工具 沿 Y 轴复制，
移动到合适位置，效果如图 2-7 所示。

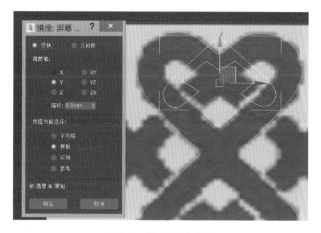

图 2-7　设置顶点类型

4. 选择外轮廓样条线，单击"附加"按钮，在内部线上单击进行附加，将3根样条线附加为1根，效果如图2-8所示。

图2-8 附加

5. 使用同样的方法，完成其他样条线的创建，并将所有样条线附加为一个整体，然后将其作为参考图的"平面"删除，完成效果如图2-9所示。

图2-9 完成其他样条线的创建

6. 确保样条线在选择状态，在"修改器列表"下拉菜单中选择"倒角"命令，在"参数"卷展栏下设置具体参数，将二维样条线转换为三维模型，具体参数及最终模型效果如图2-10所示。

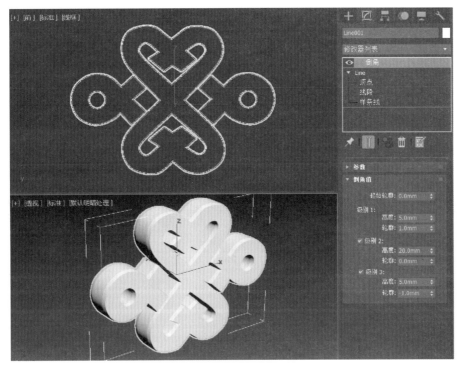

图2-10　最终效果

项目2　钢管椅

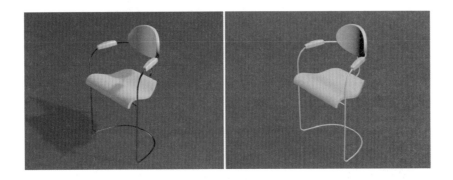

学习目标

通过实战熟悉样条线的基本类型，掌握线的创建与编辑方法，掌握 FFD 4x4x4 修改器的使用。

技术掌握

样条线、顶点的类型与编辑。

学习重点

线的编辑、顶点的类型与调节、 FFD 4x4x4 修改器、"弯曲"修改器。

实　战

1. 执行"创建"→"图形"→"样条线"→"矩形"命令，在前视图创建如图2-11所示的图形，配合二维捕捉工具  捕捉在栅格上。

2. 选中"样条线"，然后在"修改器列表"下拉菜单中选择"编辑样条线"命令，如图2-12所示。

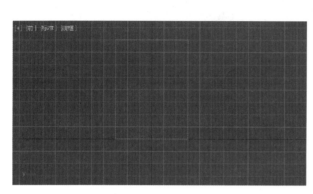

图2-11　创建图形　　　　　　　　　　　　图2-12　编辑样条线

3. 在顶点层级下，右击矩形，选择"细化"工具，配合二维捕捉工具，设置捕捉类型为"中点"，为矩形添加两个中点，如图2-13所示。

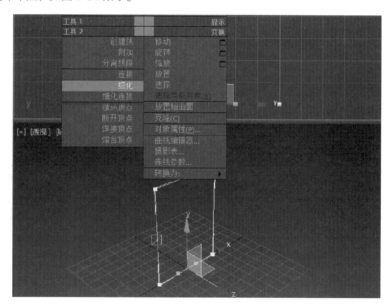

图2-13　细化

4. 在顶视图框选矩形边缘的4个顶点，右击转换顶点类型为"角点"，调整两个中点移动到如图2-14所示位置，勾选"锁定控制柄"并拖拽顶点手柄调整样条线形状。

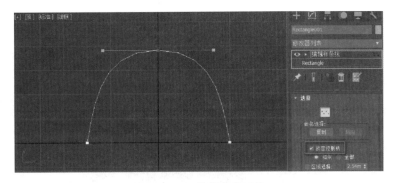

图 2-14　调整样条线形状

5. 在左视图分别选中矩形上面两个角点，在"几何体"卷展栏下单击"圆角"按钮，然后分别对上下 4 个角点切圆角，完成后效果如图 2-15 所示。

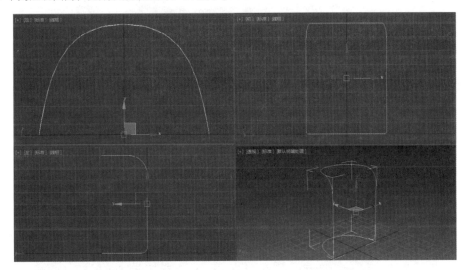

图 2-15　对上下 4 个角点切圆角

6. 右击样条线，选择"转换为"→"转换为可编辑样条线"，在"渲染"卷展栏下勾选"在渲染中启用"与"在视口中启用"，设置径向"厚度"为 30.0 mm，调整"插值"卷展栏下"步数"为 10，如图 2-16 所示。

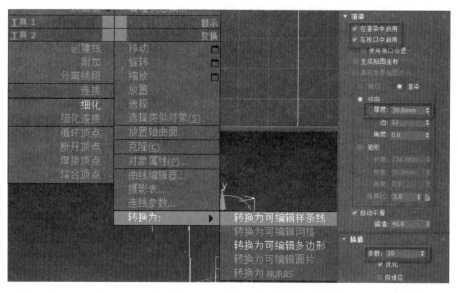

图2-16　调整"插值"

7. 使用同样方法创建完成前横梁金属管与靠背托金属管，位置及效果如图2-17所示。

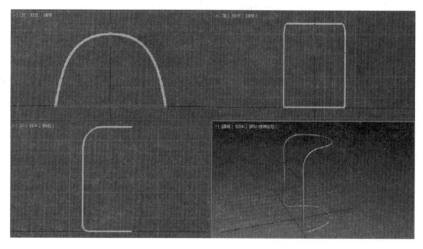

图2-17　创建完成前横梁与靠背托金属管

8. 单击命令面板上的"样条线"→"线"按钮，在右视图创建一条样条线，在"渲染"卷展栏下勾选"在渲染中启用"与"在视口中启用"，设置矩形"长度"为1400.0 mm、"宽度"为50.0 mm，调整"插值"卷展栏下"步数"为10，如图2-18所示。

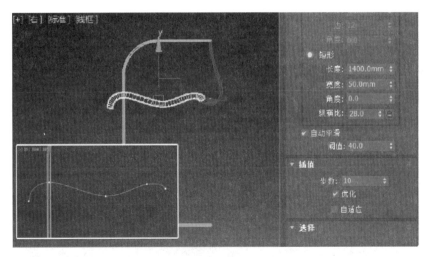

图 2-18　创建座位板

9. 右击座位板矩形，选择"转换为"→"转换为可编辑多边形"，继续添加 FFD 4x4x4 修改命令，选择边缘控制点利用"选择并缩放"工具 调整模型造型，如图2-19所示。

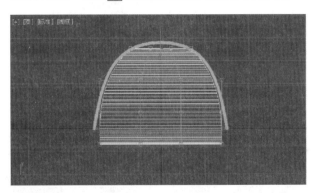

图 2-19　调整模型造型

10. 使用"扩展基本体"→"切角圆柱体"命令制作靠背，添加"Bend"命令，并在修改面板修改参数，具体参数如图2-20所示。

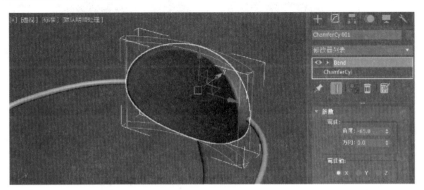

图 2-20　制作靠背

11. 使用"扩展基本体"→"切角长方体"命令制作扶手，并在修改面板修改参数，为"切角长方体"添加 FFD 4x4x4 修改命令，选择边缘控制点利用"选择并缩放"工具 与"选择并移动"工具 调整模型造型，并镜像复制出另外一侧扶手，完成效果如图 2-21 所示。

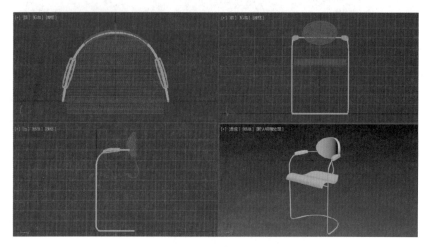

图 2-21　制作扶手

12. 使用"标准基本体"→"平面"命令创建地面。

13. 编辑材质，打开"材质编辑器"，选择一个空白材质球，材质属性为 Blinn，调整漫反射颜色为黄色，指定给椅子除钢管外的其他部分，具体参数及效果如图 2-22 所示。

14. 地面材质使用建筑材质，选择光滑瓷砖，具体参数及效果如图 2-23 所示。

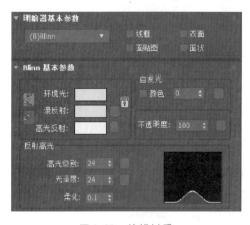

图 2-22　编辑材质

图 2-23　地面材质使用建筑材质

15. 选择一个空白材质球，材质属性为金属，高光级别为 125，光泽度为 91，具体参数及效果如图 2-24 所示，指定材质给钢管部分。

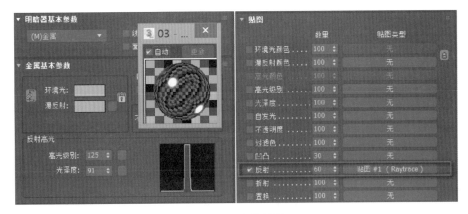

图 2-24　金属材质

16. 在前视图增加两盏泛光灯，位置如图 2-25 所示。调整左下角辅助光强度倍增值为 0.5，右上主光阴影启用并调整阴影密度为 0.5。

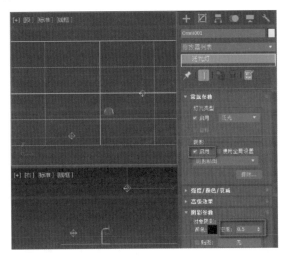

图 2-25　增加两盏泛光灯

17. 最终效果如图 2-26 所示。

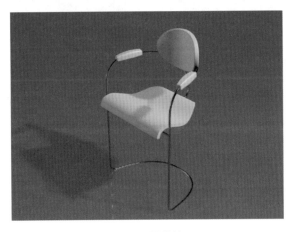

图 2-26　最终效果

项目 3　书与蝴蝶

学习目标

通过实战掌握样条线编辑与修改，掌握 **FFD 4x4x4** 修改器、"挤出"修改器的使用，熟练操作捕捉、旋转、镜像工具。

技术掌握

样条线编辑、二维半捕捉工具 **2₅**、旋转工具 **C**、镜像复制。

学习重点

线的编辑、顶点调节、"挤出"修改器、**FFD 4x4x4** 修改器。

实　战

1. 在顶视图创建样条线，如图 2-27 所示。

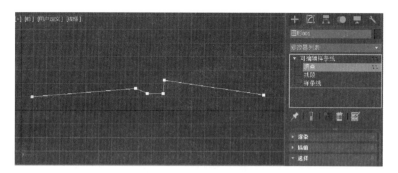

图 2-27　创建样条线

2. 在"可编辑样条线"卷展栏中选择"样条线"→"几何体"→"轮廓"，调整样条线造型如图 2-28 所示。

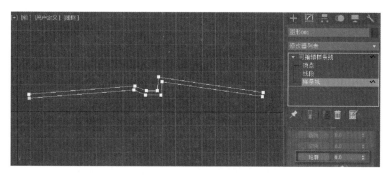

图2-28　调整样条线造型

3. 配合二维半捕捉工具 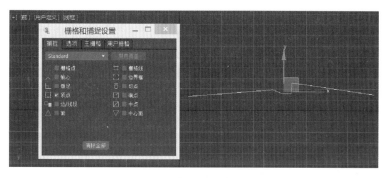，设置捕捉类型为"顶点"，捕捉书皮上层样条线，位置如图2-29所示。

图2-29　捕捉书皮上层样条线

4. 参考步骤2，编辑样条线轮廓，并调整顶点类型，完成如图2-30所示造型。

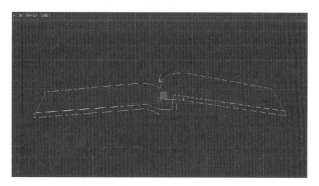

图2-30　调整顶点类型

5. 继续创建二维样条线作为书页，配合二维半捕捉工具 捕捉书展开页夹角顶点，注意书单页只需要两个顶点，过多的顶点会增加调节的负担，效果如图2-31所示。

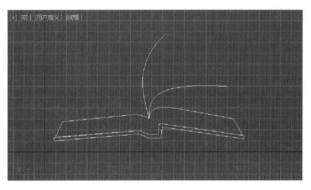

图 2-31　创建二维样条线作为书页

6. 添加"挤出"修改器，将书由二维图形转化为三维模型，具体参数与效果如图 2-32 所示。

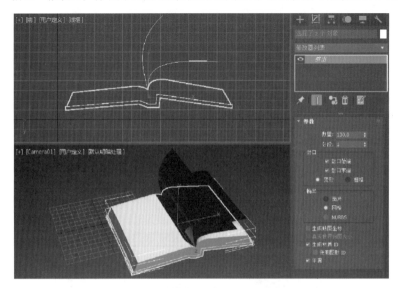

图 2-32　添加"挤出"修改器

7. 打开"材质编辑器"，选择一个空白材质球，调整漫反射为白色，在"明暗器基本参数"卷展栏中勾选"双面"，指定给书单页，修正单面显示一侧不可见的问题，如图 2-33 所示。

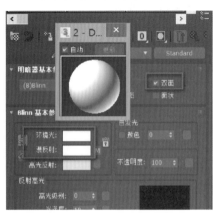
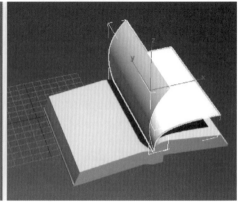

图 2-33　勾选"双面"

8. 在顶视图创建一个"平面"，右击"孤立当前选择"。打开"材质编辑器"，添加一张蝴蝶翅膀贴图，指定给平面，作为建模参考图片，使用样条线沿蝴蝶翅膀边缘建立顶点，完成图形编辑，如图2-34所示。

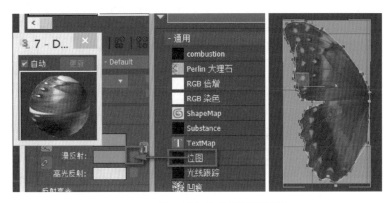

图2-34　使用样条线编辑蝴蝶翅膀

9. 删除参考平面，为蝴蝶翅膀样条线添加"挤出"修改器，设置数量为0.1，如图2-35所示。

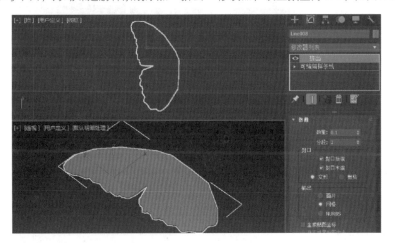

图2-35　添加"挤出"修改器

10. 前视图创建"圆柱体"作为蝴蝶身体，添加 FFD 4x4x4 修改器，缩放调整造型如图2-36所示。

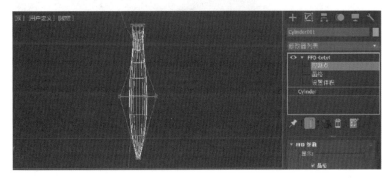

图2-36　创建"圆柱体"作为蝴蝶身体

11. 顶视图继续使用"线"与"球体"创建蝴蝶触须，在"线"→"渲染"卷展栏中如图 2-37 所示进行设置，将触须镜像复制后与蝴蝶身体群组。

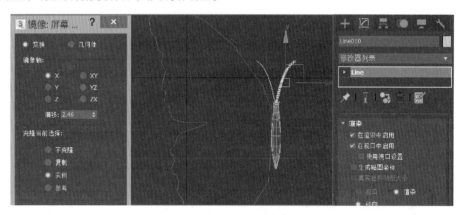

图 2-37　创建群组

12. 前视图移动蝴蝶翅膀轴心至蝴蝶身体中心，如图 2-38 所示。

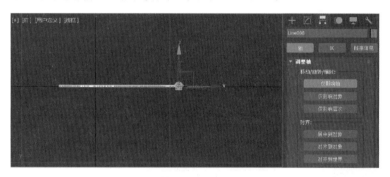

图 2-38　移动蝴蝶翅膀轴心

13. 使用旋转工具 ↻ 调整蝴蝶翅膀与身体角度，并镜像复制到另一侧，如图 2-39 所示。

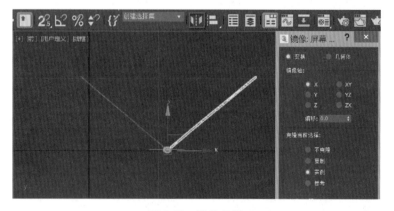

图 2-39　镜像复制

14. 将蝴蝶模型群组，移动到书籍上，蝴蝶与书籍的相对位置与最终效果如图 2-40 所示。

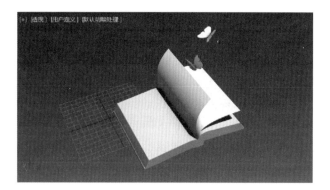

图 2-40　最终效果

项目4　珠链吊灯

学习目标

通过实战掌握样条线编辑与修改，掌握"车削"修改器、"晶格"修改器的使用，熟练群组工具、孤立编辑模式。

技术掌握

样条线编辑、"车削"修改器、"晶格"修改器、"阵列"工具 。

学习重点

线段拆分、"车削"修改器、"晶格"修改器、"阵列"工具 。

 实　战

1．在前视图创建闭合样条线如图 2-41 所示。

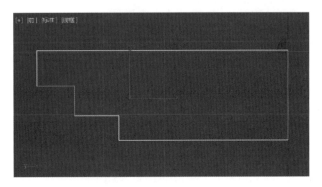

图 2-41　创建闭合样条线

2. 添加"车削"修改器，"车削"修改功能可以通过旋转一个二维图形产生三维物体。施加该命令后，通常都需要调节对齐轴向与对齐位置，才能得到正确的结果。

设置"方向"为"Y轴"、"对齐"为"最大"，调整如图2-42所示。

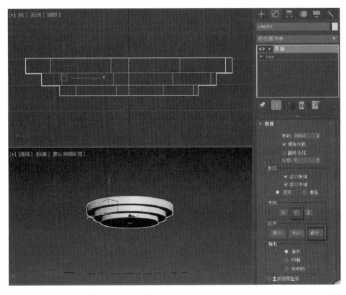

图 2-42　添加"车削"修改器

3. 前视图创建矩形，右击"孤立当前选择"单独编辑矩形。转变"矩形"为可编辑样条线，在"顶点"层级同时选择矩形的4个顶点切"圆角"，效果如图2-43所示，并在"渲染"卷展栏下勾选"在渲染中启用"与"在视口中启用"，设置径向"厚度"值为16。

4. 实例复制3个矩形，旋转调整角度，完成如图2-44所示造型。

5. 创建如图2-45所示图形，孤立状态下完成编辑样条线，添加"车削"修改器，调节对齐轴向与对齐位置，完成吊灯中心部件建模。

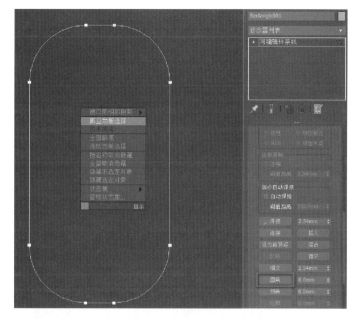

图 2-43　创建矩形

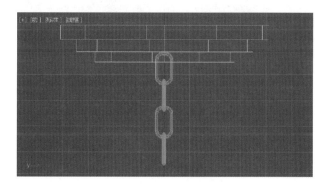

图 2-44　实例复制

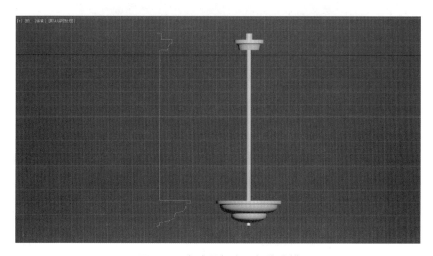

图 2-45　完成吊灯中心部件建模

6. 创建如图 2-46 所示图形，并在"渲染"卷展栏下勾选"在渲染中启用"与"在视口中启用"，设置径向"厚度"值为 60。

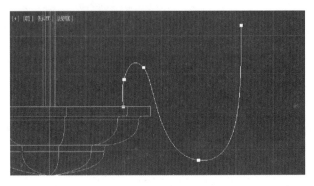

图 2-46　创建图形

7. 同理完成灯托、灯头建模，完成效果如图 2-47 所示。

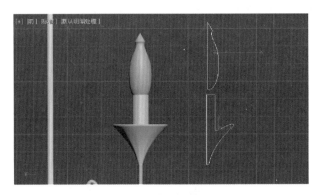

图 2-47　完成灯托、灯头建模

8. 创建如图 2-48 所示图形，在线段层级分别对两条线段进行拆分。

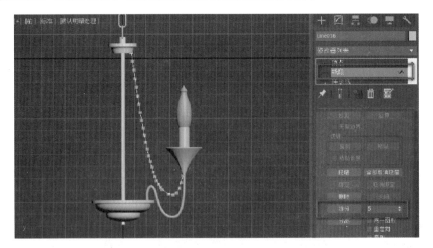

图 2-48　继续创建图形

9. 为二维图形添加"晶格"修改器，参数如图 2-49 所示。

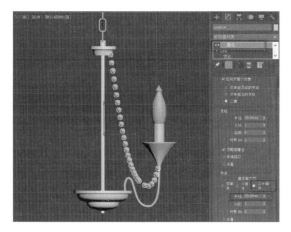

图 2-49　添加"晶格"修改器

10. 将灯托部件、灯头与珠链进行编组，选择组物体，设置为"仅影响轴"，调整其坐标轴心到如图 2-50 所示位置。

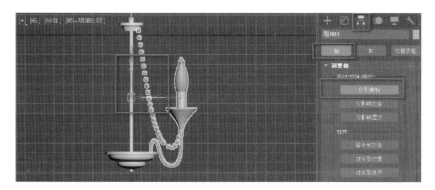

图 2-50　编组

11. 右击主工具栏，调出"附加"工具。打开"阵列"工具 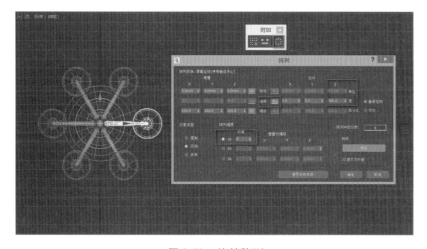，将灯托组物体旋转阵列 6 个，具体参数与效果如图 2-51 所示。

图 2-51　旋转阵列

12. 最终效果如图 2-52 所示。

图 2-52　最终效果

2.2　复合对象建模

 知识预备

❖ 3Ds Max 2017 提供了 12 种复合对象的建模工具，如图 2-53 所示。复合对象建模通常是将两个或多个对象组合成单个对象，可通过"创建"/"复合"子菜单访问复合对象的建模命令，也可在"创建"面板中单击相应的命令按钮实现。

❖ 复合对象建模可简化复杂模型的建模过程，同时可用于模型细节的刻画。"放样（Loft）""布尔（Boolean）""超级布尔（ProBoolean）"这 3 种复合建模的方法最为常用。

"放样（Loft）"复合对象。放样建模需要两个图形：一是路径（Path）；二是横截面（Selection）。

"布尔（Boolean）"复合对象。在布尔运算中常用的有并集、交集、差集等操作，如图 2-54 所示。

"超级布尔（ProBoolean）"复合对象。根据几何体的空间位置结合两个三维对象形成的对象，每个参与结合的对象被称为运算对象。

图 2-53　复合对象

图 2-54　"超级布尔（ProBoolean）"复合对象

注意：

1. 选中放样对象进入修改面板，还可以利用变形选项组中的 5 种变形工具对它的截面图形进行变形控制，以产生更加复杂的造型。这 5 种变形工具可单独使用，也可以混合使用，用以产生出千变万化的造型物体，如图 2-55 所示。

2. 通常参与的两个布尔对象应该有相交的部分。有效的运算操作包括：生成代表两个几何体总体的对象；从一个对象上删除另外一个对象相交的部分；生成代表两个对象相交部分的对象。

图 2-55　放样变形工具

项目 1　棋子与骰子

学习目标

通过实战了解复合对象建模的方法，掌握超级布尔（ProBoolean）的建模方法，熟练对齐、旋转工具。

技术掌握

超级布尔（ProBoolean）的建模方法。

学习重点

超级布尔（ProBoolean）。

1. 在顶视图创建一个"球体"和两个"长方体",位置关系如图2-56所示。

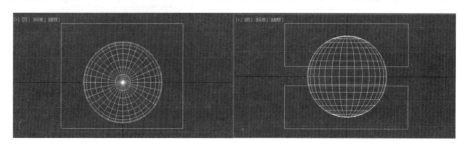

图2-56　创建几何体

2. 选择球体,单击命令面板"创建"→"几何体"下拉列表框内的"复合对象"→"ProBoolean"按钮,在"参数"选项组中选择"差集",单击"开始拾取"按钮后分别拾取视图中的两个长方体,效果如图2-57所示。

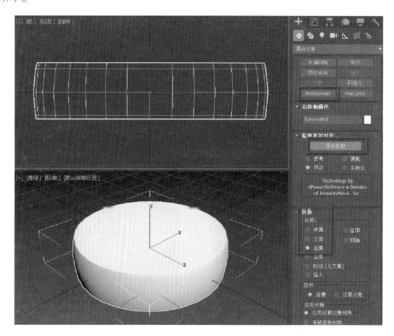

图2-57　超级布尔（ProBoolean）

3. 复制棋子,均匀缩放并与原有棋子中心对齐。选择大棋子,单击命令面板"创建"→"几何体"下拉列表框内的"复合对象"→"ProBoolean"按钮,在"参数"选项组中选择"差集",单击"开始拾取"按钮后拾取视图中的小棋子,效果如图2-58所示。

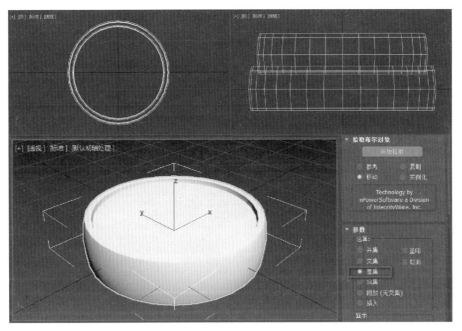

图 2-58　复制棋子运算

4. 在顶视图中创建"文本"，在"参数"卷展栏中输入文本"帅"，添加"挤出"修改器，将文本"帅"转变为三维模型，单击对齐按钮 █，"X""Y"位置中心对齐，"Z"位置"当前对象"最小、"目标对象"最大，参数调整与效果如图 2-59 所示。

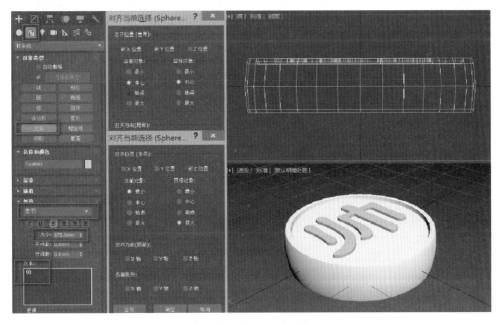

图 2-59　创建"文本"

5. 框选棋子模型，右击"隐藏当前选择"。

6. 使用"扩展基本体"→"切角长方体"创建立方体，设置圆角分段为6，效果如图2-60所示。

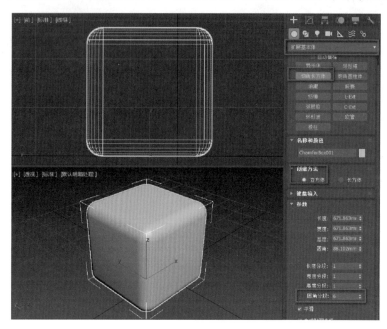

图2-60　创建立方体

7. 创建"球体"，与立方体中心对齐，后沿Y轴向上提高球体位置，使球体中心对齐切角立方体顶面，如图2-61所示。

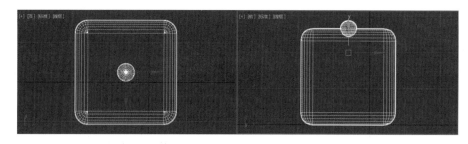

图2-61　创建"球体"与立方体中心对齐

8. 多次复制球体，配合旋转工具、镜像工具，分别放置在立方体另外5个面，调整位置如图2-62所示。

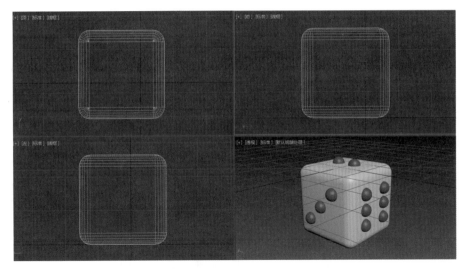

图 2-62　多次复制球体

9. 选择立方体，单击命令面板"创建"→"几何体"下拉列表框内的"复合对象"→"ProBool-ean"按钮，在"参数"选项组中选择"差集"，单击"开始拾取"按钮后分别拾取视图中的所有"球体"，效果如图 2-63 所示。

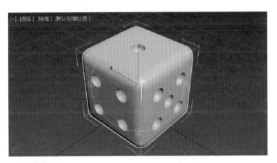

图 2-63　执行超级布尔

10. 右击"全部取消隐藏"显示棋子，复制一个骰子，调整位置，最终效果如图 2-64 所示。

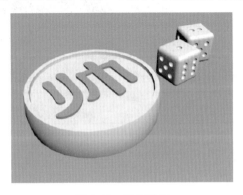

图 2-64　最终效果

项目2　番茄酱

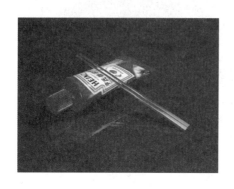 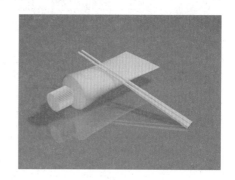

3Ds Max 项目化实用教程

学习目标

通过实战了解复合对象建模的方法，掌握放样的建模方法，了解"变形"卷展栏，熟练放样"缩放"变形的编辑。

技术掌握

放样建模，"缩放"变形。

学习重点

放样建模，"缩放"变形，改变横截面在路径上的位置。

 实　战

1，创建一条"线"作为放样路径，一个"圆"作为放样图形，位置关系如图2-65所示。

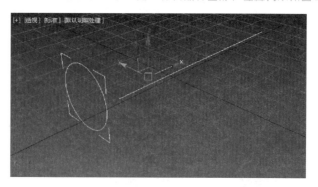

图2-65　创建一条"线"和一个"圆"

2. 选择"线"，单击命令面板"创建"→"几何体"下拉列表框内的"复合对象"→"放样"按钮，再单击"获取图形"按钮后拾取视图中的"圆"，生成放样模型，如图2-66所示。

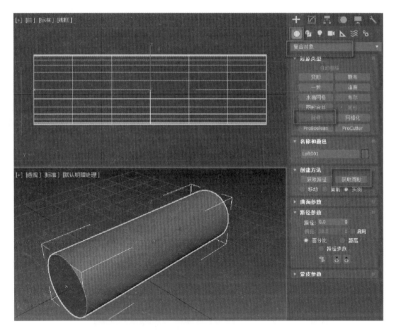

图 2-66　生成放样模型

3. 进入修改面板，在控制面板下方找到"变形"卷展栏，有 5 种变形命令，单击"缩放"按钮，打开"缩放变形"对话框，使用"插入点"工具 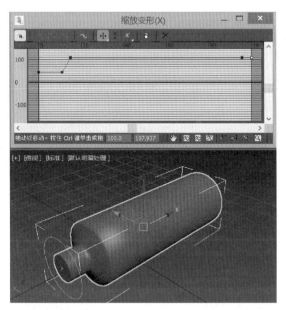 在控制线上插入若干个控制点，使用"移动控制点"工具调整控制点，如图 2-67 所示。

图 2-67　缩放变形

4. 关闭"均衡"按钮，单击"显示 X 轴"，调整控制点，再单击"显示 Y 轴"，再次调整控制点，如图 2-68 所示。

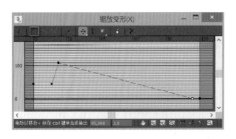

图 2-68　调整控制点

5. 关闭对话框，效果如图 2-69 所示。

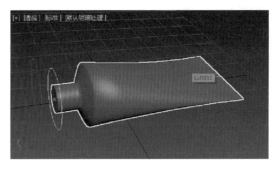

图 2-69　效果

6. 制作瓶盖。创建一条"线"作为放样路径，一个"星形"作为放样图形，线的长度与星形半径以瓶口造型为参考，注意控制星形"点"的数值，增大"圆角半径"完成修改，如图 2-70 所示。

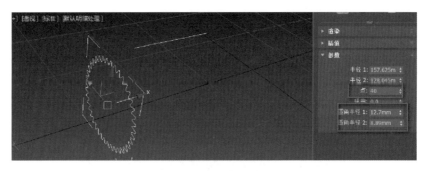

图 2-70　制作瓶盖

7. 再次执行放样操作，得到如图 2-71 所示的瓶盖效果。

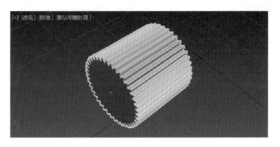

图 2-71　瓶盖效果

8. 将瓶盖与平身中心对齐，并拖到瓶口一侧调整位置如图2-72所示，完成番茄酱瓶体建模。

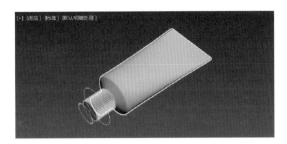

图 2-72　完成番茄酱瓶体建模

9. 制作筷子。创建一条"线"作为放样路径，一个"圆"、一个"矩形"作为放样图形，如图2-73所示。

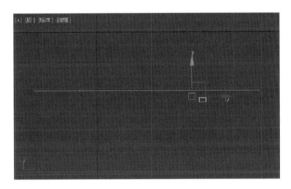

图 2-73　制作筷子

10. 选择"线"，单击命令面板"创建"→"几何体"下拉列表框内的"复合对象"→"放样"按钮，再单击"获取图形"按钮后拾取视图中的"圆"，之后在"路径参数"卷展栏中设置"路径"参数为100，再次拾取放样图形"矩形"生成放样模型，效果如图2-74所示。

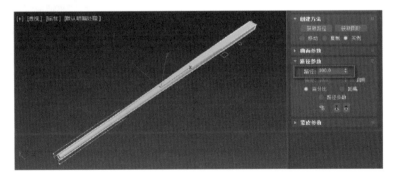

图 2-74　生成放样模型

11. 实例复制一根筷子，调整位置完成建模，最终效果如图2-75所示。

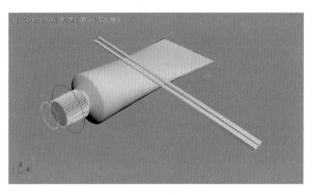

图 2-75　完成建模

2.3　多边形建模

 知识预备

❖ 多边形建模是 3Ds Max 软件高级建模中的一种。多边形建模的核心思路就是在基础模型的基础上，使用多种编辑多边形的工具，对基础模型进行细节雕刻。

❖ 多边形建模工作流程：创建基础形体—编辑多边形—网格平滑。

❖ 使用多边形建模可以进入多边形对象的"顶点""边""边界""多边形""元素"级别下编辑对象。在对象上右击，然后在弹出的菜单中执行"转换为"→"转换为可编辑多边形"命令，可以将当前对象转换为可编辑多边形对象，在编辑属性中，可以看到"顶点""边""边界""多边形""元素"

图 2-76　可编辑多边形命令

的子对象层级，快捷键分别对应键盘上的数字键 1、2、3、4、5，如图 2-76 所示。

❖ 针对不同子对象层级有不同的编辑命令，常用命令如图 2-77 所示，添加命令后效果如图 2-78 所示。

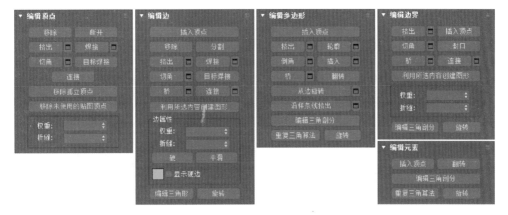

图 2-77　常用命令

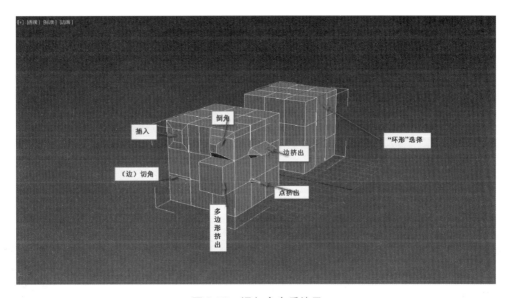

图 2-78　添加命令后效果

❖ 软选择功能。软选择可以将当前选择的次物体层级的作用范围向四周扩散，作用力由红色到蓝色逐渐减弱，当变换的时候，离原选择集越近的地方受影响越强，越远的地方受影响越弱；"绘制软选择区域"可以用鼠标直接在物体上绘制出任意图形的软选择区域，如图 2-79 所示。

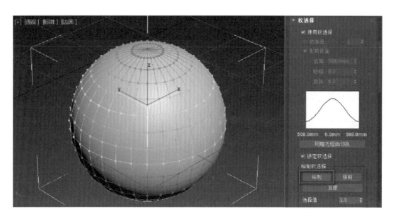

图 2-79　软选择功能

注意：

1.编辑多边形"选择"卷展栏中，"按顶点""忽略背面"两个复选框较常用，如图 2-80 所示。"按顶点"只能在除了点以外的其余 4 个次物体层级中使用。比如进入边层级，勾选此项，然后在视图中的多边形上单击有点的位置，那么与此点相连的边都会被选择，如图 2-81 所示。在其他层级中也是同样的操作。"忽略背面"勾选时只会选择可见的表面，而背面不会被选择，此功能只能在进入次物体层级时被激活，如图 2-82 所示。

图 2-80　编辑多边形"选择"卷展栏

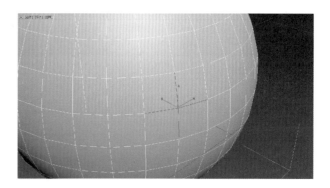

图 2-81　与点相连的边都会被选择

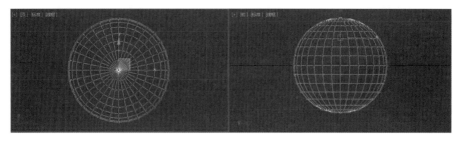

图 2-82　"忽略背面"

2. 多边形编辑可以使用【Ctrl】键来转变子物体的选择集。当按住【Ctrl】键并单击别的子层级按钮时，可以将当前选择集转变为在新层级中与原来的选择集相关联的所有子物体。

项目1　旋转魔方

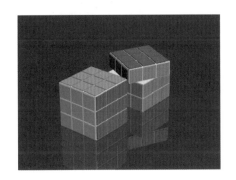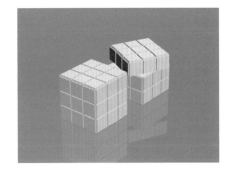

学习目标

通过实战了解编辑多边形建模的基本方法，掌握多边形对象的"顶点""边""面""多边形""元素"级别下编辑对象的基本方法。

技术掌握

多边形对象的"顶点""边""边界""多边形""元素"级别下编辑对象。

学习重点

"多边形"次物体层级编辑。

 实　战

1. 创建一个"长方体"，创建方式为"立方体"，修改参数如图2-83所示，特别注意增加分段数。

图2-83　创建一个"长方体"

2. 选择"立方体"，右击"转换为"→"转换为可编辑多边形"，选择"多边形"次物体层级，选择全部多边形，单击"编辑多边形"卷展栏中的"插入"设置按钮，"按多边形"插入数量设为7.0 mm，效果如图2-84所示。

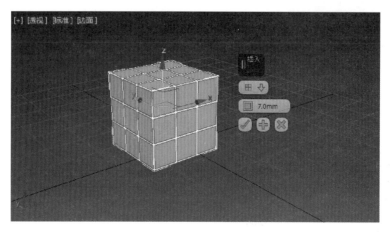

图 2-84　"按多边形"插入

3. 无须退出选择，单击"编辑多边形"卷展栏中的"挤出"设置按钮，"按多边形"挤出数量设为
10.0 mm，效果如图 2-85 所示。

图 2-85　"按多边形"挤出

4. 框选所有挤出有厚度的多边形后按【Ctrl +
L】键反选缝隙部分，设置多边形材质 ID 为 7，其
他六个面分别默认为 1 -6，如图 2-86 所示。

5. 退出选择完成魔方建模，复制一个备用。

6. 选择一个魔方，选择"多边形"次物体层
级，框选第一层方块，单击"编辑几何体"卷展栏
中"分离"按钮，在弹出的对话框中单击"确
定"，将第一层方块分离为新的多边形对象 001，如
图 2-87 所示。

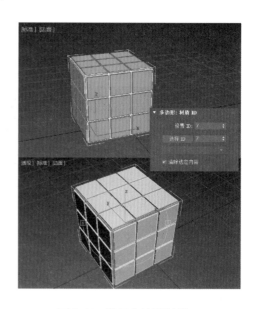

图 2-86　设置多边形材质 ID

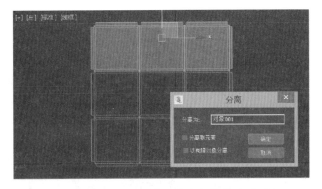

图 2-87　将第一层方块分离为新的多边形对象

7. 顶视图旋转分离的对象 001，如图 2-88 所示。

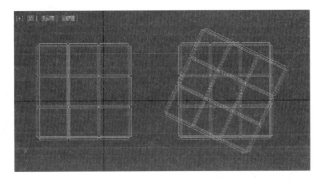

图 2-88　旋转分离的对象

8. 选择"边界"次物体层级，选择分离后物体的边界，单击"编辑边界"卷展栏中的"封口"按钮，将开放的部分闭合，同理完成另外一半，如图 2-89 所示。

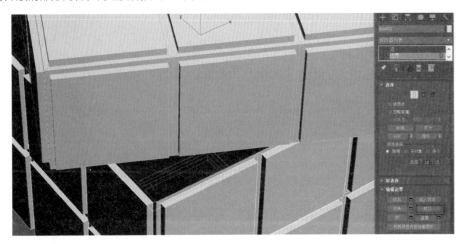

图 2-89　封闭开放的边界

9. 最终效果如图 2-90 所示。

图 2-90　最终效果

项目 2　小软凳

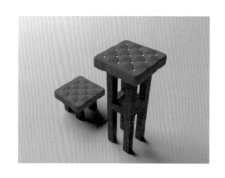 

学习目标

通过实战熟练编辑多边形建模的基本方法，掌握多边形对象的次物体层级下编辑对象的方法。

技术掌握

多边形对象的"顶点""边""边界""多边形""元素"级别下编辑对象。

学习重点

挤出、倒角、封口、连接、切割等次物体层级编辑工具。

 实　战

1. 顶视图创建一个"长方体"，修改参数如图 2-91 所示。

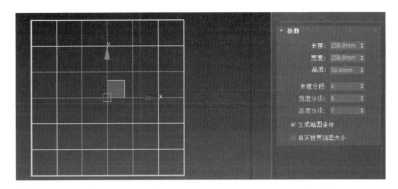

图 2-91　创建一个"长方体"

2. 选择"长方体",右击"转换为"→"转换为可编辑多边形",选择"多边形"次物体层级,在透视图进行编辑,先按"G"键取消栅格显示,以便于更好地观察,按住【Ctrl】键,选择 4 个对称的多边形,单击"编辑多边形"卷展栏中"倒角"设置按钮,设置倒角高度为 180.0 mm,倒角轮廓为 3.0 mm,效果如图 2-92 所示。

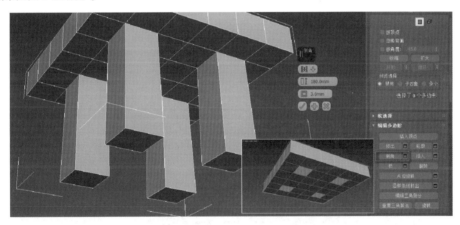

图 2-92　倒角制作凳腿

3. 右击主工具栏 3° 按钮,在对话框中设置捕捉类型为"顶点",如图 2-93 所示。

图 2-93　设置捕捉类型为"顶点"

4. 捕捉凳面 4 个顶点创建一个"平面"物体，调整分段数如图 2-94 所示。

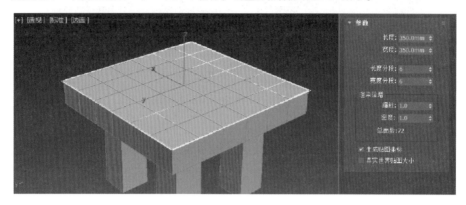

图 2-94　创建一个"平面"物体

5. 孤立平面，进行单独编辑。右击"转换为"→"转换为可编辑多边形"，进入"顶点"次物体层级，勾选"忽略背面"，只对上表面做编辑。单击"编辑几何体"卷展栏中的"切割"按钮，在顶视图捕捉顶点，绘制切割线，如图 2-95 所示。

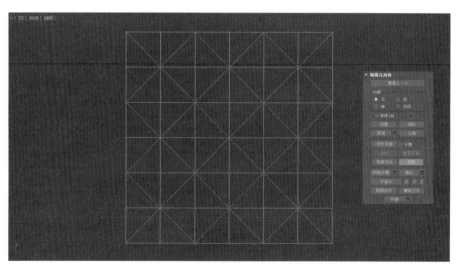

图 2-95　绘制切割线

6. 按【Ctrl】键加选星字花心顶点，单击"编辑多边形"卷展栏中的"挤出"按钮，设置挤出高度为 -15.0 mm，向内挤出，挤出宽度为 5.0 mm，效果如图 2-96 所示。

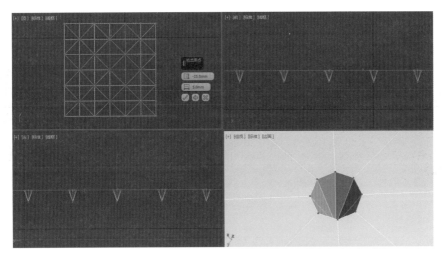

图 2-96　挤出顶点

7. 在修改器中添加"网格平滑"命令，观察效果如图 2-97 所示。注意：可适当增加网格平滑"迭代次数"。

图 2-97　网格平滑

8. 编辑十字交叉位置顶点，按【Ctrl】键加选，向上拖动做出鼓起造型，如图 2-98 所示。

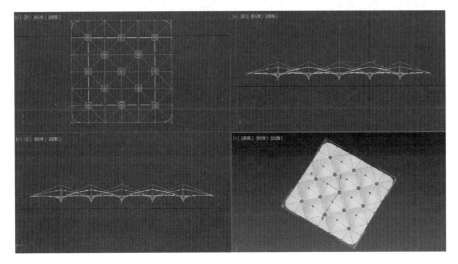

图 2-98　编辑十字交叉位置顶点

9. 制作扣子。创建"球体"，使用缩放工具压扁造型，实例拷贝多个放置于各个顶点，效果如图2-99所示。

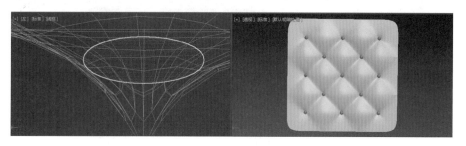

图 2-99　制作扣子

10. 进入"边界"次物体层级，选择平面的边界，单击"编辑边界"卷展栏中的"挤出"按钮，修改参数如图 2-100 所示。

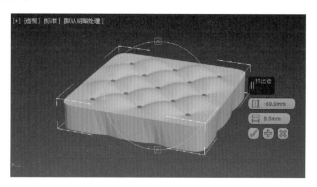

图 2-100　选择平面的边界挤出

11. 添加"网格平滑"修改器，在"细分量"卷展栏中增加"迭代次数"为 2，效果如图 2-101 所示。

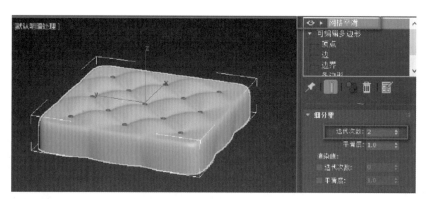

图 2-101　添加"网格平滑"修改器

12. 退出孤立模式，继续编辑。

13. 调整小板凳的大小与凳面的相对位置，如图 2-102 所示。

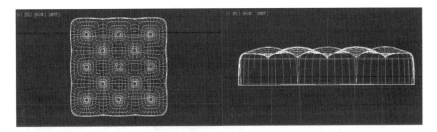

图 2-102　调整位置

14. 选中平面底部边界，单击"编辑边界"卷展栏中用"封口"按钮，如图 2-103 所示。

图 2-103　封口

15. 调整编辑。建模基本完成后，在塌陷前依旧可以进入次物体层级进行修改编辑。复制一个小软凳，孤立编辑。选择凳腿底面的顶点，沿 Y 轴拖动调整凳腿的长度，效果如图 2-104 所示。

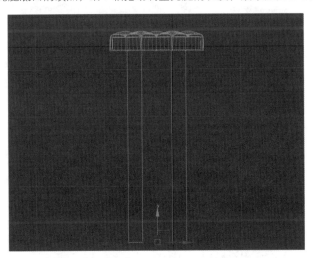

图 2-104　调整编辑

16. 进入"边"次物体层级，选择所有的凳腿边，单击"编辑边"卷展栏中的"连接"按钮，修改参数如图 2-105 所示。

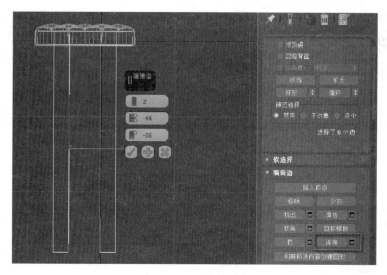

图 2-105　修改参数

17. 删除凳腿相对的多边形，进入"边界"次物体层级，选择相对的边界，单击"桥"按钮进行桥接，效果如图 2-106 所示。

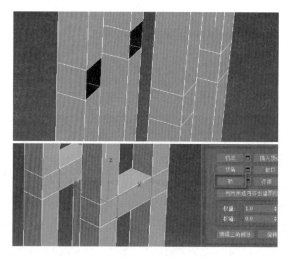

图 2-106　桥接

18. 同理完成余下凳腿的编辑，如图 2-107 所示。

图 2-107　余下凳腿编辑

19. 最终效果如图2-108所示。

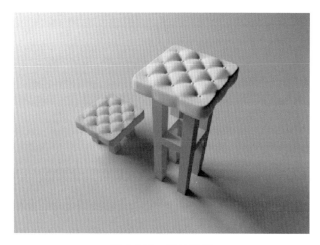

图2-108　最终效果

项目3　空旷的室内

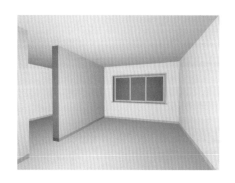
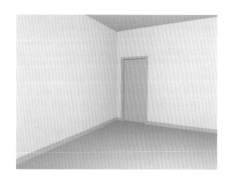

学习目标

通过实战学习运用多边形知识建立室内效果图的单面模型，掌握捕捉的用法、对象法线的问题。

技术掌握

多边形的应用。

学习重点

室内单面模型的建立。

 实　战

1. 自定义"单位设置"，在自定义菜单里将单位改为"毫米"，如图2-109所示。

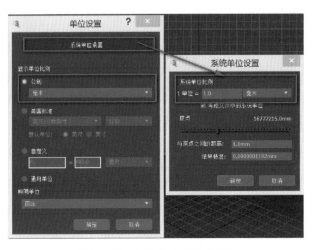

图2-109 自定义"单位设置"

2. 导入 CAD 图纸。单击 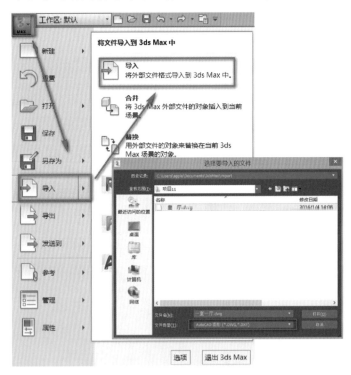 按钮导入本书配套素材"工程文件〉第2章〉2.3〉项目3室内单面建模〉一室一厅.DWG",在导入图纸时格式一定要选择 *.DWG、*.DXF，如图 2-110 所示。

图 2-110 导入 CAD 图纸

3. 弹出"AutoCAD DWG/DXF 导入选项"对话框，在"层"选项卡中选择窗户、墙体、梁，单击"确定"导入图纸，如图 2-111 所示。

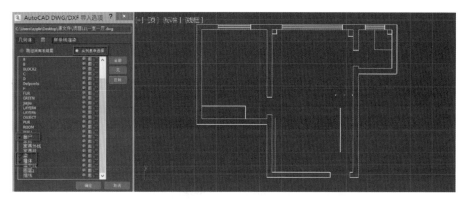

图2-111　导入图纸

4. 在3Ds Max中放置图。注意：首先要把平面图放到坐标原点处（X：0\Y：0\Z：0），右击上下箭头可将数据直接归"0"。设置好捕捉，用对齐和捕捉工具来对图纸进行精确定位，如图2-112所示。

图2-112　设置好捕捉

5. 冻结图纸，更改被冻结对象的颜色，如图2-113所示。

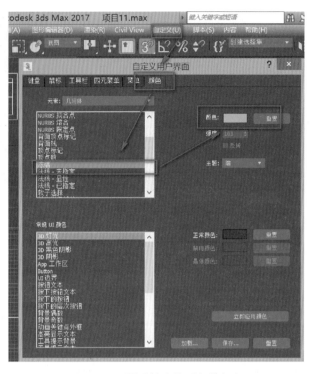

图2-113　更改被冻结对象的颜色

6. 按【Alt +W】键最大化顶视图，按【G】键关闭栅格，使用二维样条线捕捉墙体内部线，窗与门位置添加顶点，效果如图2-114所示。

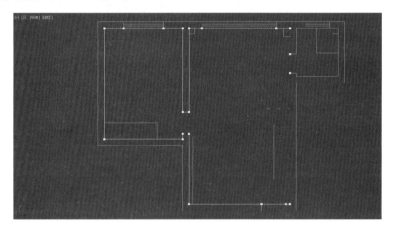

图2-114　使用二维样条线捕捉墙体内部线

7. 将闭合线"挤出"为一个实体，设置挤出高度为2800.0 mm，如图2-115所示。

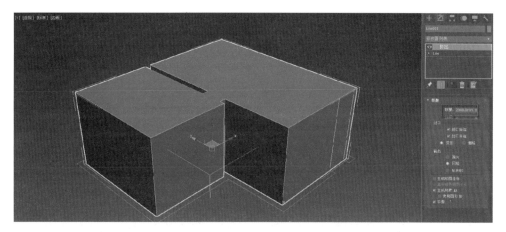

图 2-115　挤出

8. 右击转换为可编辑多边形，按【F4】键透视图"边面"显示。选择多边形，进入"多边形"次物体层级，选择所有的面，单击"编辑多边形"卷展栏中的"翻转"按钮翻转法线，单击"多边形：平滑组"卷展栏中的"清除全部"按钮关闭平滑组。勾选"显示属性"的"背面消隐"选项使多边形正确显示，效果如图 2-116 所示。

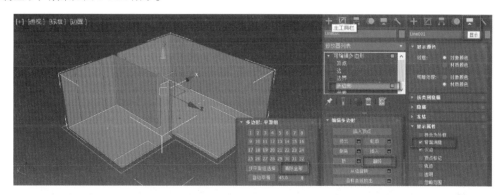

图 2-116　编辑多边形

9. 创建"门"，按数字【2】键选中门两侧边线，右键选择"连接"，连接 1 根线，如图 2-117 所示。

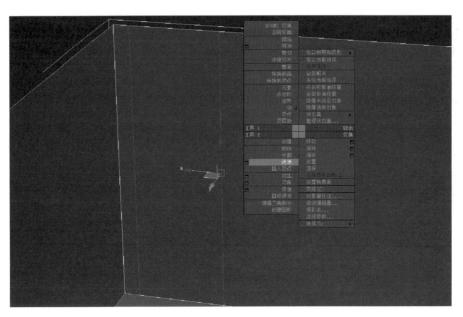

图 2-117　连接

10. 设置 "Z"：2000.0 mm。将连接出来的线移动到门高位置 2 m 处，如图 2-118 所示。

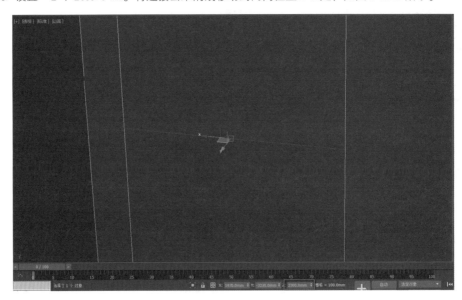

图 2-118　将连接出来的线移动到门高位置 2 m 处

11. 选择门的面，分离，调整颜色，插入一个多边形，调整插入量为 70.0 mm，区分门与门套位置，如图 2-119 所示。

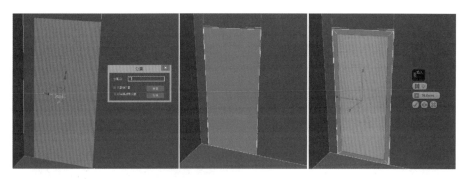

图 2-119　区分门与门套位置

12. 孤立"门"多边形，继续编辑。后视图选择门套底面，选择"快速切片"捕捉上下两个点沿垂直方向将其切开，如图 2-120 所示。

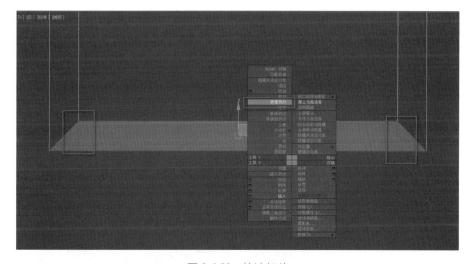

图 2-120　快速切片

13. 选择多余的线与顶点，右键将其删除，如图 2-121 所示。

图 2-121　删除多余顶点

14. 选择门套的面，右键挤出，挤出量为 10.0 mm，挤出门套边缘厚度，如图 2-122 所示。

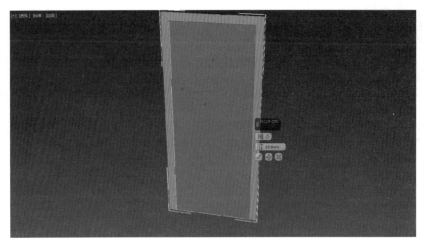

图 2-122　挤出门套边缘厚度

15. 选择门的面，右键挤出门套深度，挤出量为 –120.0 mm，如图 2-123 所示，然后右键结束隔离。

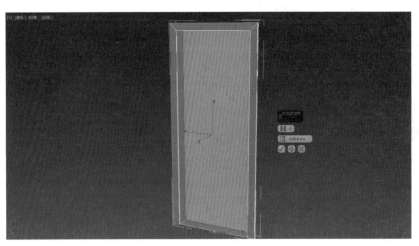

图 2-123　挤出门套深度

16. 创建窗。划分窗口位置，需要连接 2 根线，按数字【2】键进入"边"次物体层级，选择窗位置两侧的边，单击"编辑边"卷展栏中的"连接"按钮，设置参数调整位置如图 2-124 所示。

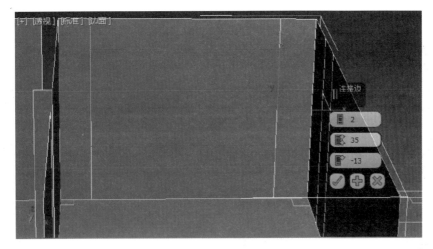

图 2-124　创建窗

17. 选择窗的面分离为窗，并孤立当前选择单独编辑，如图 2-125 所示。

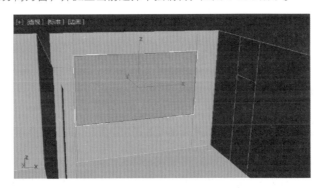

图 2-125　选择窗的面分离为窗

18. 划分窗台厚度。前视图选择窗左右两边的线，连接 1 根线，切分窗台，调整高度如图 2-126 所示。

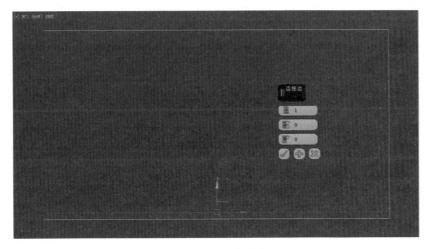

图 2-126　切分窗台

19. 划分窗套宽度。选择窗连接后的上面，向内插入，插入量为 60.0 mm，如图 2-127 所示。

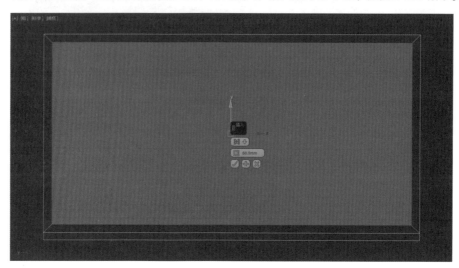

图 2-127　划分窗套宽度

20. 在"边"层级下，按【F5】键约束 Y 轴，设置捕捉方式为"边/线段"，将删除面后的上边线捕捉到下边线，如图 2-128 所示。

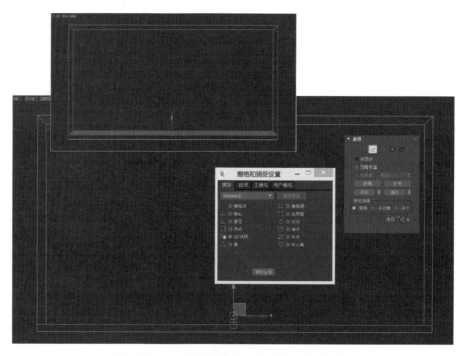

图 2-128　将删除面后的上边线捕捉到下边线

21. 划分轨道厚度。再插入一次，插入量为 15.0 mm，效果如图 2-129 所示。

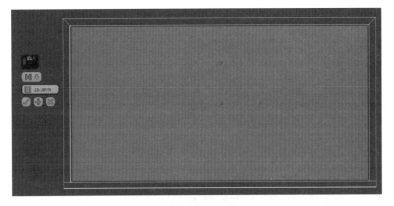

图 2-129　划分轨道厚度

22. 划分窗框厚度。再插入一次，插入量为 60.0 mm，效果如图 2-130 所示。

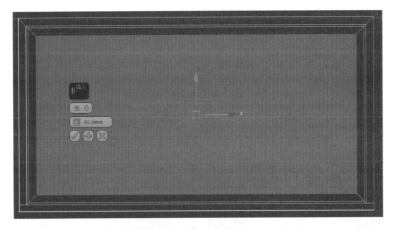

图 2-130　划分窗框厚度

23. 同时选择上下边线，连接 1 根线，再将这根线切角为 2 根线，切角量为 418.0 mm，确认划分窗格，如图 2-131 和图 2-132 所示。

图 2-131　划分窗格

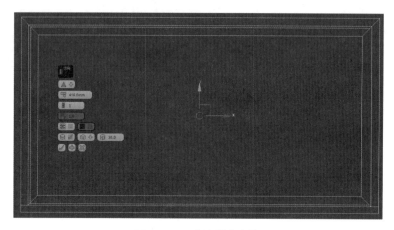

图 2-132　确认划分窗格

24. 将新添加的 2 根边切角，切角量为 30.0 mm，为窗框厚度，如图 2-133 所示。

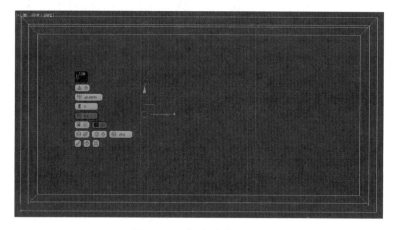

图 2-133　切角量为 30 mm

25. 挤出窗台厚度，注意两侧也要挤出，略宽于窗套，挤出量均为 40.0 mm，如图 2-134 和图 2-135 所示。

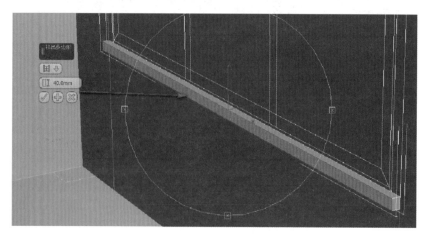

图 2-134　挤出窗台厚度

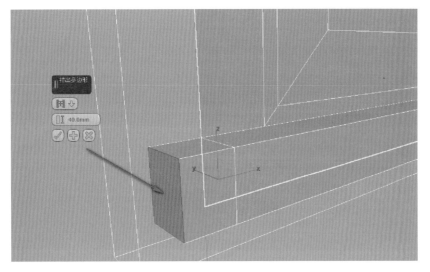

图 2-135　两侧挤出略宽于窗套

26. 挤出窗套厚度，挤出量为 10.0 mm，效果如图 2-136 所示。

图 2-136　挤出窗套厚度

27. 调整轨道、窗框、玻璃与窗套的厚度关系，"扩大"选择，将轨道、窗框、玻璃的面全部选中，向外挤出，挤出量为 −150.0 mm，如图 2-137 和图 2-138 所示。

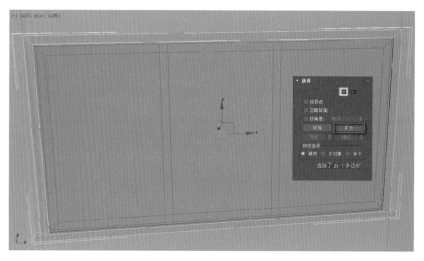

图 2-137 "扩大"选择

图 2-138 向外挤出

28. 调整轨道、窗框、玻璃的厚度关系。"收缩"选择，去掉轨道的面，再次向外挤出，挤出量为 -15.0 mm，给轨道一定的厚度，如图 2-139 所示。

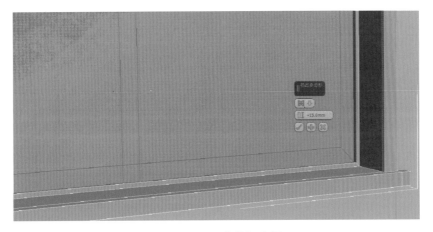

图 2-139　"收缩"选择

29. 调整拉窗的厚度。按【Alt】键减选，去掉中间窗格后再次挤出，挤出量为 −50.0 mm，如图 2-140 所示。

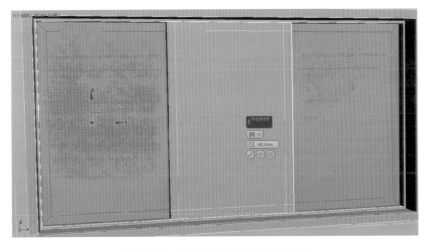

图 2-140　去掉中间窗格后再次挤出

30. 区分玻璃与窗框。选中玻璃面倒角，倒角高度与倒角轮廓均为 −10.0 mm，如图 2-141 所示，分离玻璃，调整颜色。

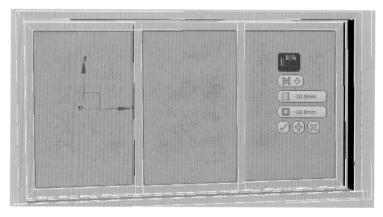

图 2-141　倒角

31. 窗台细节调整。选择窗台上下边线，少量切角调整圆滑度，如图 2-142 所示。

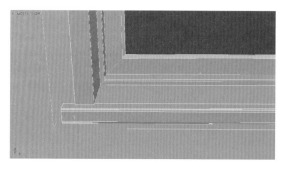

图 2-142　窗台细节调整

32. 用相同的方法完成其他窗与门的建模。

33. 制作踢脚线。打开"栅格和捕捉设置"对话框，栅格间距调整为 100.0 mm，捕捉方式为栅格点，将要制作踢脚线的墙面全部选中，单击"切片平面"按钮，捕捉一格栅格作为踢脚线高度，单击"切片"按钮确认分割，如图 2-143 所示。

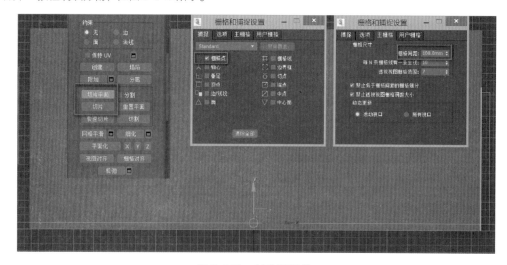

图 2-143　制作踢脚线

34. 主要部件基本完成，最终效果如图 2-144 所示。

图 2-144　最终效果

2.4　其他常用修改器建模

　知识预备

❖ 配置修改器集。右击修改器列表选择"配置修改器集"，开始模型制作前可以将常用修改器直接拖到按钮上，可以在修改面板上增加修改器按钮方便调用。配置修改器集也可以通过单击编辑堆栈器下方按钮完成配置，如图 2-145 和图 2-146 所示。

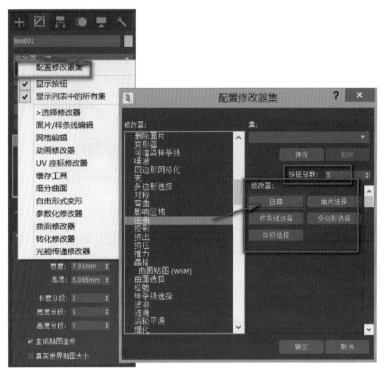

图 2-145　配置修改器集

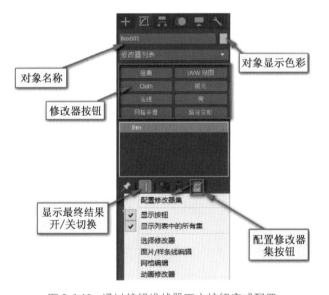

图 2-146　通过编辑堆栈器下方按钮完成配置

❖ "锥化"修改器。通过缩放物体的两端而产生锥形轮廓修改造型，调整曲线参数光滑曲线轮廓，既可产生外弧或内凹效果，又可限制局部的锥化效果，如图 2-147 所示。

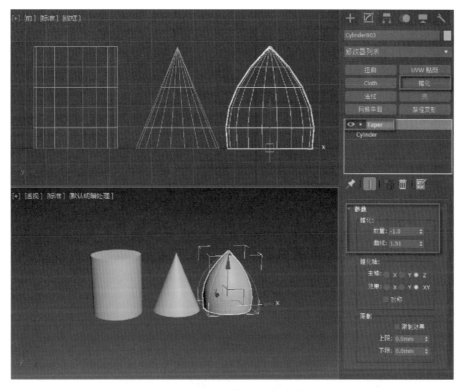

图 2-147 "锥化"修改器

❖ "扭曲"修改器。在对象几何体中产生一个旋转效果,既可沿指定的轴向扭曲物体表面的顶点,又可限制局部受到的扭曲作用,如图 2-148 所示。

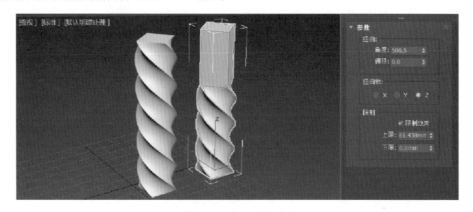

图 2-148 "扭曲"修改器

❖ "壳"修改器。增加闭合图形或三维模型的表皮厚度。

❖ "倒角剖面"修改器。以一条线为路径、一个图形为截面获得的三维模型,如图 2-149 所示。

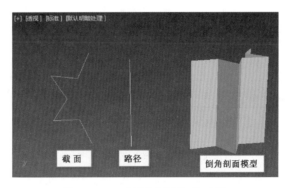

图2-149 "倒角剖面"修改器

❖ "扫描"修改器。以一条线为路径、一个图形为截面获得的三维模型，可用内置截面，也可以自定义截面形状，常用来做栏杆、石膏线、踢脚线等模型，如图2-150所示。

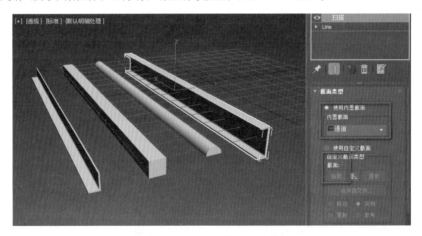

图2-150 "扫描"修改器

❖ "切片"修改器。通过切片平面位置调整切除顶部或底部，产生从无到有的效果，如图2-151所示。

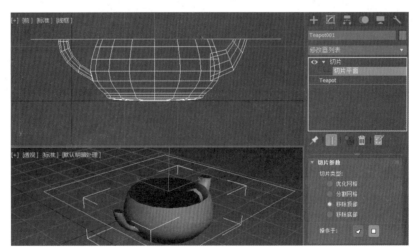

图2-151 "切片"修改器

❖ "替换"修改器。使用三维物体代替场景中的模型，减少模型面数，加快大场景建模运算速度，在"参数"卷展栏下勾选"在渲染中"显示，保证渲染效果正确，如图 2-152 所示。

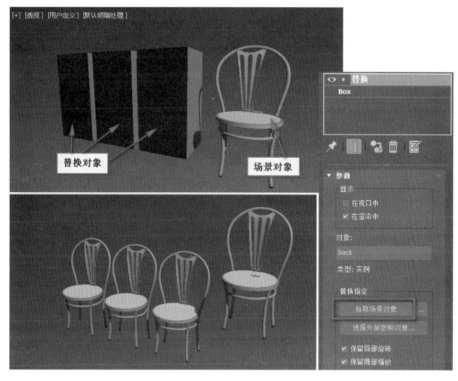

图 2-152　"替换"修改器

❖ "松弛"修改器。松弛修改器使用时每个顶点都会向相邻顶点的平均位置移动。相邻顶点和当前顶点共享可视边，使对象变得更平滑、更小，如图 2-153 所示。

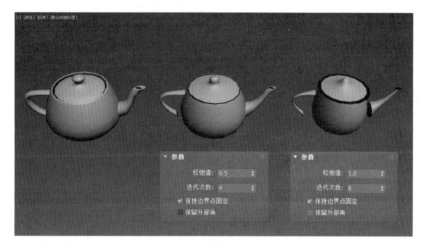

图 2-153　"松弛"修改器

❖ "噪波"修改器。使对象表面的顶点进行随机的变动，让表面起伏不平，常用于做地形、水面等效果，如图 2-154 所示。

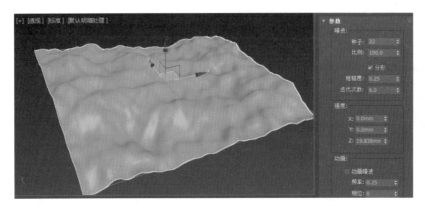

图 2-154 "噪波" 修改器

❖ "网格平滑" 修改器。平滑几何体，对几何体进行细分，使角与边变得平滑。迭代次数用于设置网格细分的次数，数值的大小决定了平滑的的效果，如图 2-155 所示。

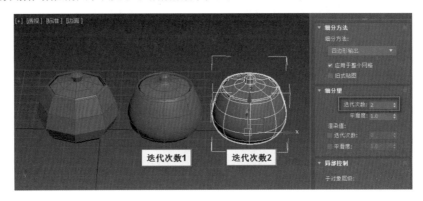

图 2-155 "网格平滑" 修改器

❖ "Cloth" 修改器。用来模拟布料物体与冲突物体之间的真实物理作用效果，主要用于制作布料模型，在室内建模中主要模拟床罩、毛巾等，如图 2-156 所示。

通过对象属性对话框设置 Cloth 对象与不活动、冲突对象，模拟计算生产模型。

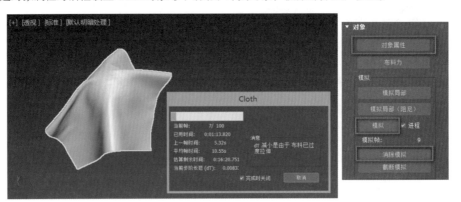

图 2-156 "Cloth" 修改器

项目1　纸杯冰淇淋

 学习目标

　　通过实战掌握"锥化""扭曲"修改器编辑对象的基本方法，熟练"弯曲""车削"修改器及样条线编辑。

技术掌握

　　"锥化""扭曲"修改器参数的功能。

学习重点

　　"锥化""扭曲"修改器。

实　战

　　Ⅰ. 在前视图创建一个如图2-157所示的图形。

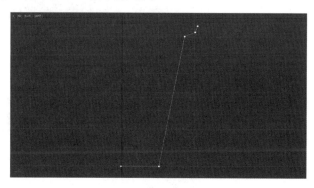

图2-157　创建图形

　　2. 在样条线层级下，单击"轮廓"按钮调整图形为双线闭合图形，如图2-158所示。

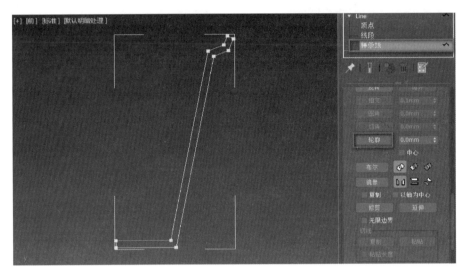

图 2-158　调整图形为双线闭合图形

3. 添加"车削"修改器将二维图形转变为三维模型，在"参数"卷展栏中设置分段数为30，方向为 Y 轴，对齐最小，注意勾选"焊接内核"修正对象轴心，效果如图2-159所示。

图 2-159　添加"车削"修改器

4. 创建"星形"，调整参数如图2-160所示。

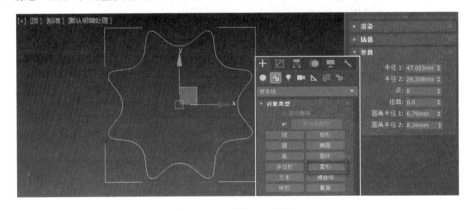

图 2-160　创建"星形"

5. 添加"挤出"修改器，将二维图形转变为三维物体，设置挤出数量为 80.0 mm，注意调整分段数，为后续编辑做好准备，如图 2-161 所示。

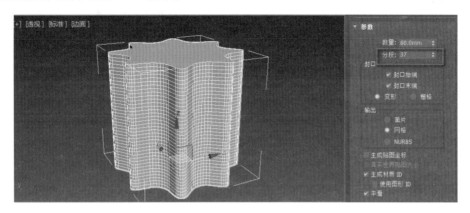

图 2-161　添加"挤出"修改器

6. 添加"锥化"修改器，修改模型形状如图 2-162 所示。

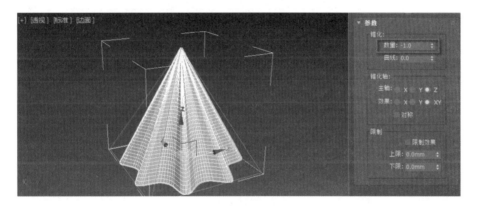

图 2-162　添加"锥化"修改器

7. 添加"扭曲"修改器，设置扭曲角度为 140.0，效果如图 2-163 所示。

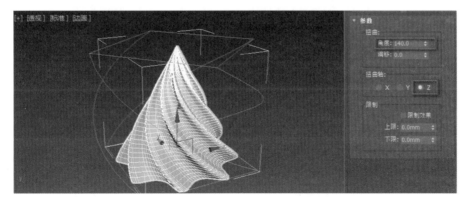

图 2-163　添加"扭曲"修改器

8. 添加"弯曲"修改器，设置弯曲角度为 48.0，效果如图 2-164 所示。

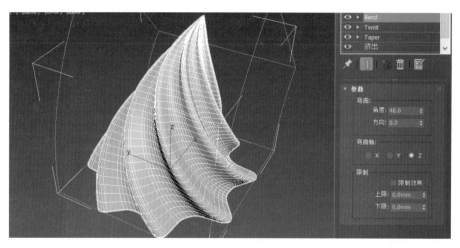

图 2-164　添加"弯曲"修改器

9. 再添加一次"扭曲"修改器，设置扭曲角度为 50.0，使效果更自然，如图 2-165 所示。

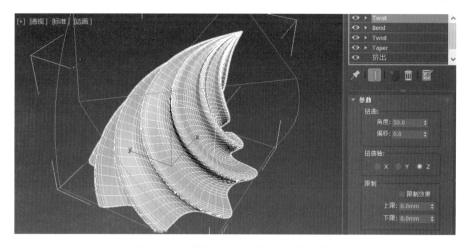

图 2-165　再添加一次"扭曲"修改器

10. 最终效果如图 2-166 所示。

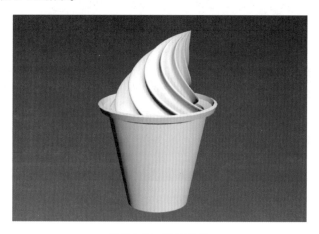

图 2-166　最终效果

项目2　石膏线与踢脚线

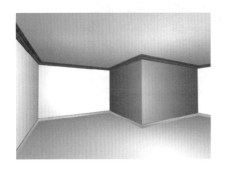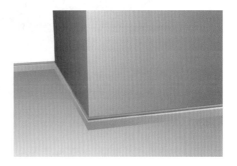

学习目标

通过实战掌握"扫描"修改器创建石膏线与踢脚线的方法。了解选择过滤器的使用方法。

技术掌握

选择过滤器、"扫描"修改器。

学习重点

"扫描"修改器。

实　战

1. 模拟室内场景。设置二维捕捉 **2**，捕捉方式为"栅格点""中点"，如图2-167所示。

图2-167　设置二维捕捉

2. 创建如图2-168所示二维图形，预留门位置顶点。

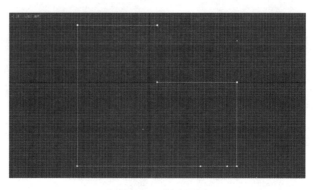

图2-168 创建图形

3. 在"线段"层级下，删除门位置线段；在"样条线"层级下，设置"轮廓"为墙体线形，产生厚度，如图2-169所示。

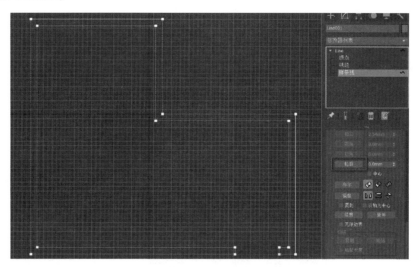

图2-169 编辑样条线

4. 添加"挤出"修改器，给墙体一个厚度，使用"长方体"三维捕捉顶点补足门上方墙体，如图2-170所示。

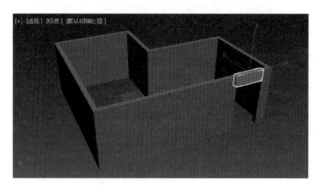

图2-170 添加"挤出"修改器

5. 三维捕捉顶点，沿墙体内部创建闭合样条线作为石膏线路径，沿墙体内部捕捉门位置顶点创建非闭合样条线作为踢脚线路径，如图 2-171 所示。

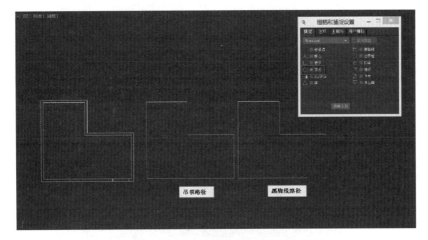

图 2-171　创建闭合样条线与非闭合样条线

6. 创建如图 2-172 所示图形作为截面。

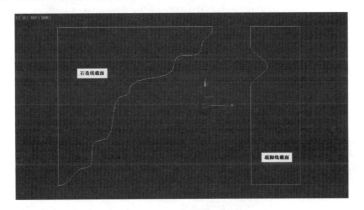

图 2-172　创建图形作为截面

7. 将"选择过滤器"设置为"图形"，选择踢脚线路径，按【F6】键锁定 Y 轴，三维捕捉顶点，前视图沿 Y 轴向下捕捉墙体底面，效果如图 2-173 所示。

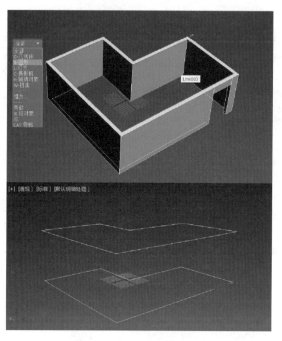

图2-173 捕捉墙体底面

8. 应用"扫描"修改器建模。选中石膏线路径，添加"扫描"修改器，使用"自定义截面"单击"拾取"按钮，拾取石膏线截面，同时在"扫描线参数"卷展栏中调整参数，具体如图2-174所示。注意：X偏移、Y偏移的数值不是固定的，根据实际调整，使石膏线与墙角位置对齐。

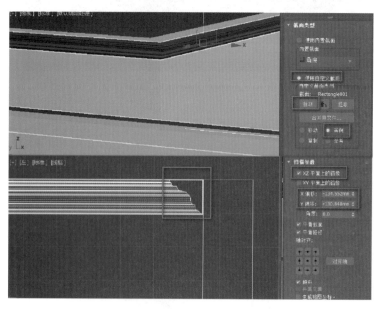

图2-174 应用"扫描"修改器建模

9. 同理制作踢脚线，如图2-175所示。

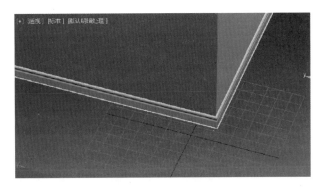

图 2-175　制作踢脚线

10. "扫描"修改器拾取时通常采用"实例"方式，以便于修改扫描截面。调整截面图形顶点造型，扫描生成物体也对应做出调整，如图 2-176 所示。

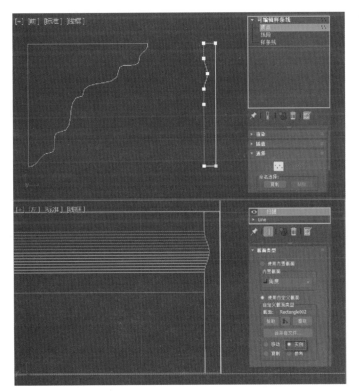

图 2-176　调整截面图形顶点造型

11. 最终效果如图 2-177 所示。

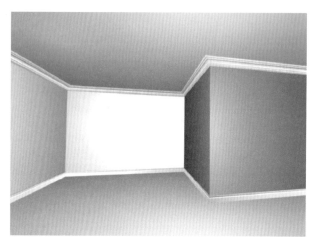

图 2-177　最终效果

项目 3　床罩

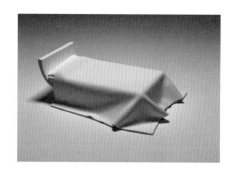

学习目标

通过实战掌握"Cloth""壳""网格平滑""松弛"修改器编辑对象的基本方法。

技术掌握

"Cloth""壳"修改器参数的功能。

学习重点

"Cloth"修改器。

 实　战

1. 单击 ▦ 按钮打开本书配套素材"工程文件〉第 2 章〉2.4〉项目 3 床罩〉床.max"文件，结果如图 2-178 所示。

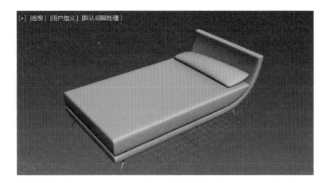

图 2-178　打开本书配套素材

2. 创建平面作为地面，在 X、Y、Z 微调按钮上右击全部归零，调整参数与位置如图 2-179 所示。

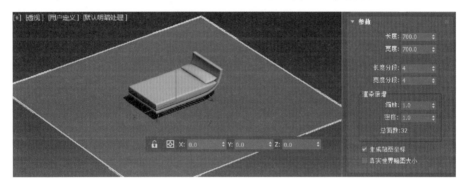

图 2-179　创建平面作为地面

3. 创建一个平面作为床罩，注意增加分段数便于后续编辑，调整参数与位置如图 2-180 所示。

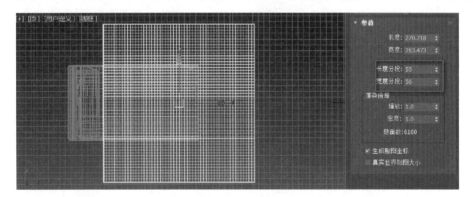

图 2-180　创建平面作为床罩

4. 选中平面 002，更改名称为"床罩"，如图 2-181 所示。

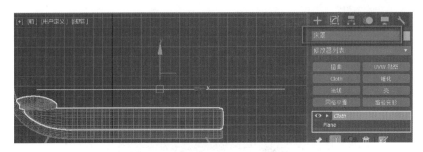

图 2-181　更改名称为"床罩"

5. 选中场景中全部物体，添加"Cloth"修改器。单击"对象属性"按钮，在弹出的对话框中选中"床罩"，勾选"布料"，调整 U、V 弯曲为 0.5，选中其他物体，勾选"冲突对象"，为使结果准确，同时勾选"Cloth"修改器中"模拟参数"卷展栏中的"自相冲突"，如图 2-182 和图 2-183 所示。

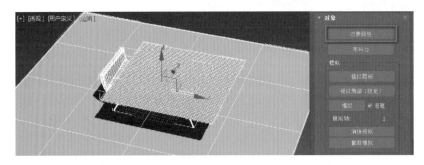

图 2-182　添加"cloth"修改器

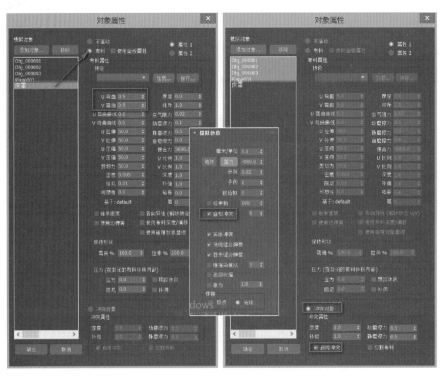

图 2-183　　"模拟参数"卷展栏中勾选"自相冲突"

6. 单击"模拟"按钮，模拟布料计算，如结果不够理想，可以单击"消除模拟"按钮，重新设置参数，再次模拟。注意：U、V弯曲数值减小会使布料更加柔软。拖动时间滑块可以选择布料计算不同时间的效果，如图2-184所示。

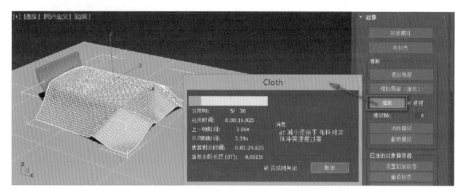

图 2-184　模拟布料计算

7. 添加"松弛"修改器，调整松弛值为1.0，如图2-185所示。

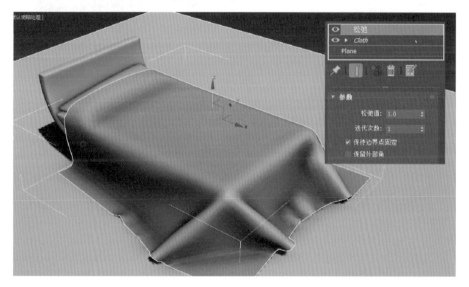

图 2-185　添加"松弛"修改器

8. 添加"壳"修改器，调整内部量为2.0，如图2-186所示。

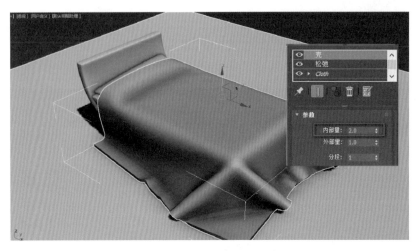

图 2-186　添加"壳"修改器

9. 添加"网格平滑"修改器，调整迭代次数为 3，如图 2-187 所示。

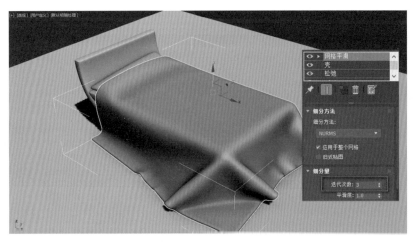

图 2-187　添加"网格平滑"修改器

10. 最终效果如图 2-188 所示。

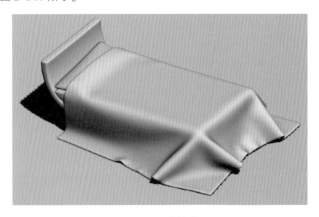

图 2-188　最终效果

第3章　材质与贴图

3.1　常用材质

知识预备

❖ 3Ds Max 提供了强大的材质制作方法，可以真实的模拟现实世界中物体的颜色、纹理、质感、反射等视觉效果。在主工具栏中单击 按钮或按【M】键打开"材质编辑器"，如图 3-1 所示。

❖ 材质编辑器对话框中包含 5 个菜单，其中"模式"菜单用于"精简材质编辑器"和"Slate 材质编辑器"的切换。"精简材质编辑器"更为常用，是简化了的材质编辑器。

示例窗中有 24 个材质球，在任意一个上右击，会弹出一个快捷菜单，从中可以切换示例窗中材质球的数量，如图 3-2 所示。

❖ 材质球示例窗用来显示材质编辑效果，双击材质球会弹出一个独立的材质球示例窗口，用来观察当前设置的材质效果，如图 3-3 所示。

❖ 材质编辑器工具栏包含纵向、横向两排

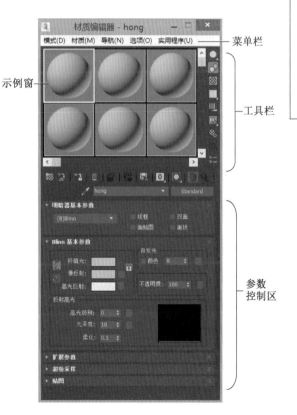

图 3-1　材质编辑器

按钮，垂直工具栏按钮主要控制示例窗的显示方式，水平工具栏主要控制材质的指定、保存、层级的转换。其中最为常用的是"将材质指定给选定对象" 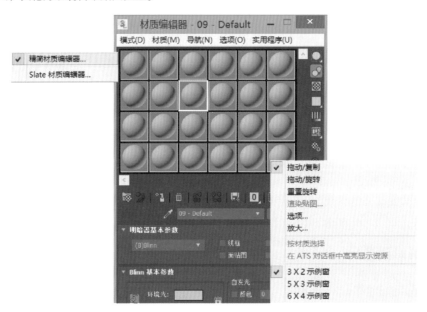、"视口中显示明暗处理材质" ▣、"背景" ▨，如图 3-4 所示。

❖ 单击"材质编辑器"中的"Standard"按钮，在弹出的"材质/贴图浏览器"中可以调用材质。单击"漫反射"后面的空白按钮，在弹出的"材质/贴图浏览器"中可以调用贴图，其中"位图"为外部调用贴图，其他为系统自带贴图类型。

图 3-2　材质球

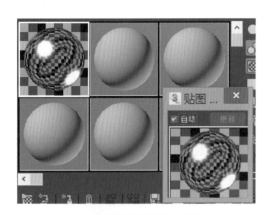

图 3-3　独立的材质球示例窗口

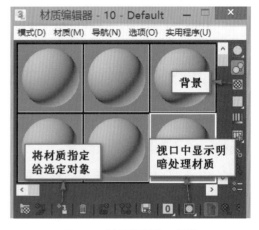

图 3-4　材质编辑器工具栏

对于标准材质与光线跟踪材质，可以在明暗器基本参数中选择不同类型，来改变材质表面对灯光照射的反应情况，一共有 8 种类型可以选择，如图 3-5 所示。

❖ 3Ds Max 提供了 16 种材质类型，其中标准、双面、多维/子对象、光线跟踪、混合较为常用。用户也可以使用"放入库"工具 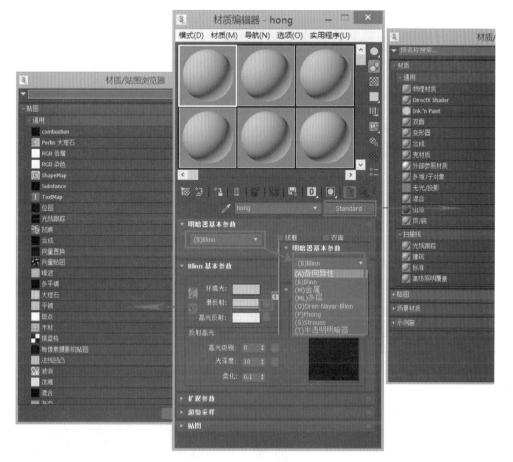存储编辑好的材质便于调用，但这种存储是临时性的；或者使用"获取材质"工具 创建"新材质库"，将编辑好的材质放入新材质库，需要时调用。

图 3-5 明暗器基本参数中选择不同类型

方法：单击"获取材质"按钮 →在弹出的"材质/贴图浏览器"空白处右击→在"材质/贴图浏览器"中单击"新材质库"→创建新材质库。这里创建一个名为"新库 01"的材质库，完成后储存在"材质/贴图浏览器"中，之后可以将使用"放入库"工具 存储编辑好的材质放入新库，以便长期调用，如图 3-6 和图 3-7 所示。

❖ 执行"渲染"→"材质管理器"菜单命令，打开"材质管理器"。"材质管理器"主要用来浏览和管理场景中所有的材质，上半部分为"场景"面板，下半部分为"材质"面板，在"场景"面板中选择一个材质后，在下面的"材质"面板中会显示相关属性与纹理贴图，如图 3-8 所示。

图 3-6 创建新材质库

图 3-7 新材质库需要时调用

图 3-8 材质管理器

项目1 多维/子对象材质——制作魔方

 学习目标

通过实战掌握"多维/子对象"材质编辑；熟练材质子父层级转换。

技术掌握

"多维/子对象"材质编辑、多边形材质 ID 设置。

学习重点

"多维/子对象"材质编辑。

实 战

1. 单击 按钮打开本书配套素材"工程文件〉第 3 章〉3.1〉项目 1 多维/子对象材质——制作魔方〉魔方. max"文件，如图 3-9 所示。

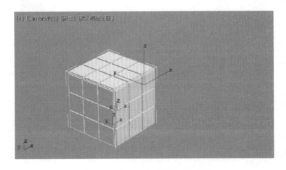

图 3-9　打开本书配套素材

2. 选中魔方孤立编辑，按【P】键将摄像机视图转变为透视图以便于观察。

3. 单击主工具栏 按钮，在"可编辑多边形"→"多边形"层级框选如图 3-10 所示多边形。

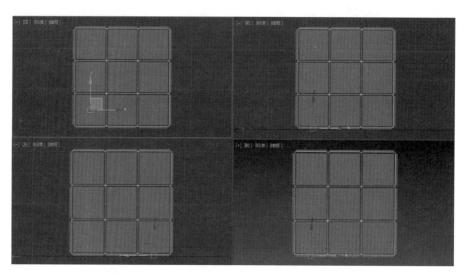

图 3-10　多边形层级框选

4. 按【ctrl+I】键反选，在"可编辑多边形"→"多边形：材质 ID"卷展栏中输入 7，按回车键确认，设置魔方中间部分材质 ID，如图 3-11 所示。

注意：由于魔方是由系统自带"标准基本体"→"长方体"创建而来，长方体的 6 个面默认材质 ID 为 1 ~6。如非内置基本体创建的模型，必须根据需要设置各多边形的材质 ID。

5. 按【M】键打开"材质编辑器"，选择一个空白材质球，设置材质类型为"多维/子对象"，将其命名为"魔方"，单击"设置数量"按钮设置材质数量为 7，如图 3-12 所示。

6. 单击"材质 1"后面的"Standard"按钮，子材质又是一个标准材质，调整漫反射颜色为红色，高光级别为 93，光泽度为 60，如图 3-13 所示。

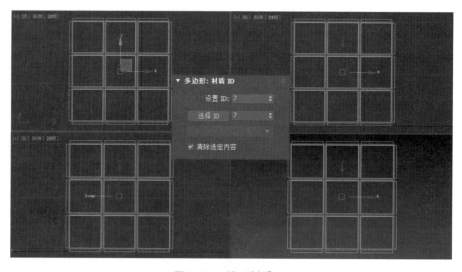

图 3-11　设置材质 ID

3Ds Max 项目化实用教程

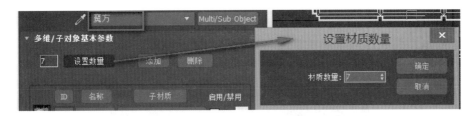

图 3-12　设置材质类型

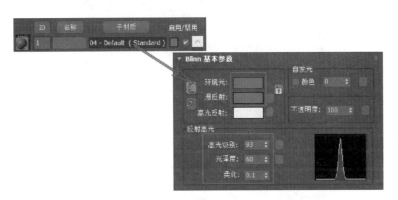

图 3-13　设置子材质

7. 单击"转到父对象"按钮 回到"多维/子对象"材质编辑，拖动第一个材质到余下6个材质按钮上，用"复制"方式生成6个材质副本。

8. 进入每个子材质，只调整色调，其他不变，效果如图3-14所示。

图 3-14　调整每个子材质的色调

9. 单击 按钮将制作好的材质指定给场景中的魔方模型，单击 按钮在视口中显示材质，退出孤立编辑。被应用过的材质球四角呈三角形，如图3-15所示。

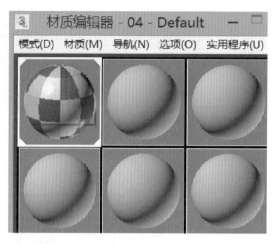

图 3-15　材质指定

10. 恢复透视图为摄像机视图，按【F9】键渲染当前场景，最终效果如图 3-16 所示。

图 3-16　最终效果

项目 2　双面材质——制作翻开的书

学习目标

通过实战掌握"双面"材质编辑，掌握"UVW 贴图"修改器的使用方法；

了解文件归档的方法。

学习目标 技术掌握

"双面"材质编辑，"UVW 贴图"修改器。

学习目标 学习重点

"双面"材质编辑。

实 战

1. 单击 ![按钮] 按钮打开本书配套素材"工程文件〉第 3 章〉3.1〉项目 2 双面材质——制作翻开的书〉翻开的书.max"文件，如图 3-17 所示。

图 3-17　打开本书配套素材

2. 选中书本孤立编辑，在摄像机视图名称上单击取消勾选"显示安全框"，单击显示控制区按钮 ![图标] ，所有视图最大化显示选定对象，如图 3-18 和图 3-19 所示。

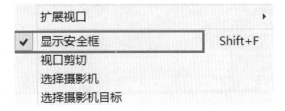

图 3-18　取消勾选"显示安全框"

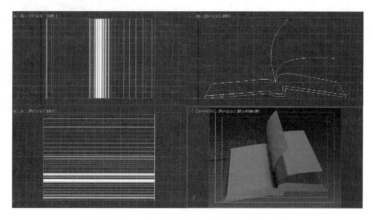

图 3-19　所有视图最大化显示选定对象

3. 编辑单页材质。按【M】键打开"材质编辑器",选择一个空白材质球,设置材质类型为"双面"。将其命名为"书页1",如图 3-20 所示。

图 3-20　制作单页材质

4. 单击"正面"材质"Standard"按钮,在"漫反射"贴图通道中加载本书配套素材"工程文件〉第 3 章〉3.1〉项目 2 双面材质——制作翻开的书〉2.jpg"文件,如图 3-21 所示。

图 3-21　编辑正面材质

5. 单击"转到父对象"按钮 回到"双面"材质编辑。单击背面材质"Standard"按钮,在"漫反射"贴图通道中加载本书配套素材"工程文件〉第 3 章〉3.1〉项目 2 双面材质——制作翻开的书〉3.jpg"文件,如图 3-22 所示。

图 3-22　编辑背面材质

6. 同理编辑书页 2 材质，将编辑好的书页材质分别指定给场景中翻开的 2 张单页，效果如图 3-23 所示。

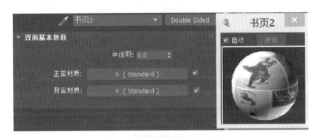

图 3-23　编辑书页 2 材质

7. 按【F9】键渲染当前场景，如图 3-24 所示，发现单页贴图不正确，文字与图片都是反方向，需要调整贴图坐标。

图 3-24　渲染当前场景

8. 单击"背面"材质"Standard"按钮，然后单击"漫反射"贴图通道按钮，在"坐标"卷展栏中调整角度，设置"W"为180.0，修正贴图坐标，如图 3-25 所示。

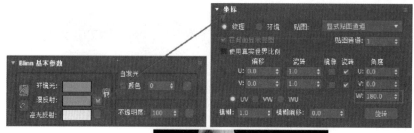

图 3-25　修正贴图坐标

9. 选中两张书页，右击"隐藏选定对象"将书页隐藏以便后续编辑，如图 3-26 所示。

图 3-26　隐藏选定对象

10. 制作书材质。选择一个空白材质球，材质类型为"标准"。将其命名为"书"，在"漫反射"贴图通道中加载本书配套素材"工程文件〉第 3 章〉3.1〉项目 2 双面材质——制作翻开的书〉1.jpg"文件，并指定给书模型，如图 3-27 所示。

图 3-27　制作书材质

11. 顶视图选中书模型，添加"UVW 贴图"，贴图类型为"平面"，对齐方式：Z 轴 – 视图对齐 – 适配。注意：一定要在顶视图完成操作，如图 3-28 所示。

图 3-28　添加 UVW 贴图

12. 选择"UVW 贴图"Gizmo，使用缩放工具 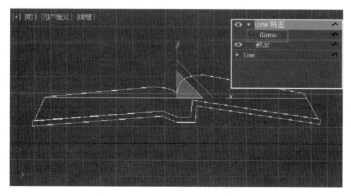 前视图沿 X 轴向内缩进，与书边缘两侧对齐，如图 3-29 所示。

图 3-29　调整 UVW 贴图 Gizmo

13. 勾选顶视图"默认明暗处理"查看效果，如图 3-30 所示。

图 3-30　勾选顶视图"默认明暗处理"查看效果

14. 右击"全部取消隐藏"，按【F9】键渲染当前场景，效果如图 3-31 所示。

图 3-31　渲染效果

15. 将"翻开的书.max"文件保存为归档文件，贴图也一并保存，不会丢失，如图 3-32 所示。

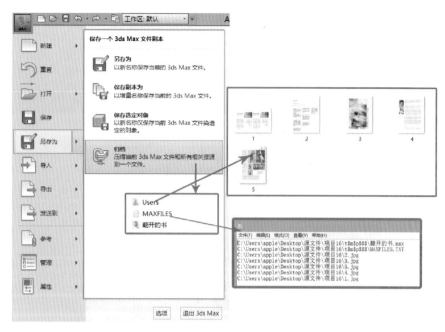

图 3-32　保存为归档文件

项目 3　混合材质——制作斑驳的古墙

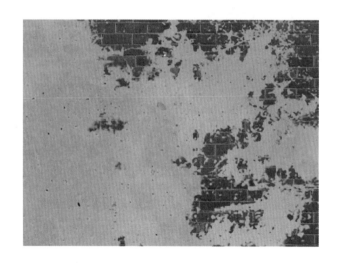

学习目标

通过实战掌握"混合"材质编辑，掌握"位图参数"卷展栏、"坐标"卷展栏的使用方法。

技术掌握

"混合"材质编辑，"位图参数"卷展栏。

学习重点

"混合"材质编辑。

1．单击 按钮打开本书配套素材"工程文件〉第 3 章〉3.1〉项目 3 混合材质——制作斑驳的古墙〉斑驳的古墙.max"文件，如图 3-33 所示。

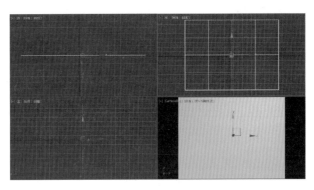

图 3-33　打开本书配套素材

2．按【M】键打开"材质编辑器"，选择一个空白材质球，设置材质类型为"混合"，将其命名为"墙"，混合材质基本参数如图 3-34 所示。

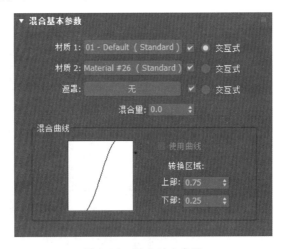

图 3-34　混合基本参数

3．单击"材质 2"后面的空白"Standard"按钮，进入子材质面板，在"漫反射"贴图通道中加载本书配套素材"工程文件〉第 3 章〉3.1〉项目 3 混合材质——制作斑驳的古墙〉红砖.jpg"文件，打开"坐标"卷展栏，调整"瓷砖"为 2.0；打开"贴图"卷展栏，将"漫反射"贴图直接拖动到"凹凸"贴图进行复制，调整"凹凸"贴图数量为-150，如图 3-35 所示。

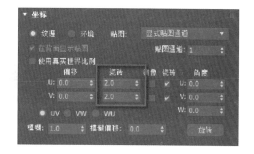

图 3-35　加载贴图

4. 单击"转到父对象"按钮 🔩 回到"混合基本参数"卷展栏。单击"材质 1"后面的空白
"Standard"按钮，进入子材质面板，在"漫反射"贴图通道中加载本书配套素材"工程文件〉第 3 章〉
3.1〉项目 3 混合材质——制作斑驳的古墙〉涂料.jpg"文件。单击"遮罩"后面的空白按钮，加载
本书配套素材"工程文件〉第 3 章〉3.1〉项目 3 混合材质——制作斑驳的古墙〉遮罩.jpg"文件。
打开"位图参数"卷展栏，查看图像，调整选择区域，应用裁剪，如图 3-36 所示。

5. 调整混合参数，勾选"使用曲线"，调整上部参数，混合材质 1 与材质 2，调整融合度，效果如
图 3-37 所示。

6. 按【F9】键渲染当前场景，效果如图 3-38 所示。

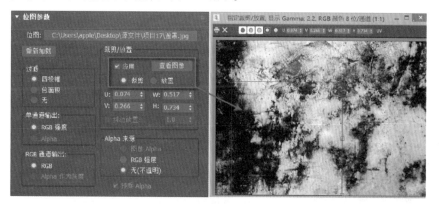

图 3-36　查看图像调整选择区域应用裁剪

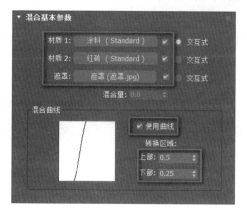

图 3-37　调整混合参数

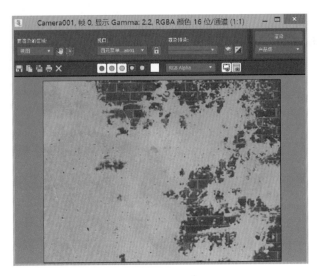

图 3-38　渲染效果

3.2　常用贴图

 知识预备

❖ 贴图主要用于表现物体材质表面的纹理，包括位图、平铺、噪波、光线跟踪、渐变等，利用贴图不增加模型的复杂程度就可以表现对象的细节，增加模型的质感，使效果更加真实，如图 3-39 所示。

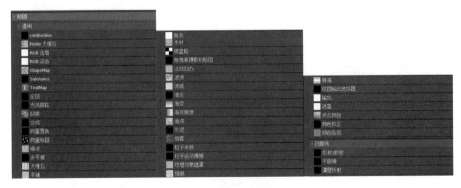

图 3-39　贴图

光线跟踪。用来模拟真实的反射与折射，如图 3-40 所示。

渐变。使用 3 种颜色创建渐变效果，如图 3-41 所示。

渐变坡度。多种颜色渐变效果，如图 3-42 所示。

粒子年龄。专门用于粒子系统，制作彩色粒子流动的效果。

平面镜。平面产生镜面反射的效果。

棋盘格。产生色彩交错的棋盘格效果，如图 3-43 所示。

位图。可加载贴图，最为常用，如图 3-44 所示。

衰减。制作从黑到白的过渡效果，常用于绒布的效果模拟。

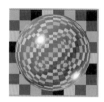   

图 3-40　光线跟踪　　图 3-41　渐变　　图 3-42　渐变坡度　　图 3-43　棋盘格　　图 3-44　位图

❖ "材质编辑器"中的"贴图"卷展栏包含 12 种贴图通道。名称前的复选框表示是否使用该贴图通道；"数量"控制贴图作用于对象上的使用效果，数值越大，效果越明显；"贴图类型"用于设置贴图，如图 3-45 所示。

贴图

	数量	贴图类型
环境光颜色	100	无
漫反射颜色	100	无
高光颜色	100	无
高光级别	100	无
光泽度	100	无
自发光	100	无
不透明度	100	无
过滤色	100	无
凹凸	30	无
反射	100	无
折射	100	无
置换	100	无

图 3-45　"贴图"卷展栏

"漫反射颜色"贴图。这是最常用的一种贴图，可以将贴图的结果像贴壁纸一样贴到物体表面，也叫作纹理贴图，如图 3-46 所示。

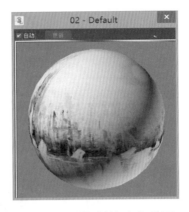

图 3-46 "漫反射颜色"贴图

"不透明度"贴图。通常用来定义对象材质表面的透明效果。不透明贴图与基本参数中透明参数配合使用，决定对象的不透明性，纯白色为完全不透明，纯黑色为完全透明，如图 3-47 所示。

图 3-47 "不透明度"贴图

"凹凸"贴图。模拟对象表面凹凸不平的效果，贴图较明亮的区域被提升，较暗的区域被降低。在视图中不能预览，必须渲染场景才能看到效果，如图 3-48 所示。

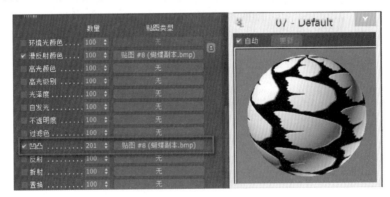

图 3-48 "凹凸"贴图

"反射"贴图。用贴图在对象表面产生光亮效果，并反射出周围其他对象的影像。

"折射"贴图模拟折射效果，并折射出周围其他对象的影像。

❖ "UVW 展开"修改器。用于将贴图（纹理）坐标指定给对象和子对象选择，并手动或通过各种工具来编辑这些坐标；还可以使用它展开和编辑对象上已有的 UVW 坐标。可以使用手动方法和多种程序方法的任意组合来调整贴图，根据 UV 展开的结果导出 UV 模板，绘制完毕后，回到 3Ds Max 制作材质并赋予物体，使其适合网格、面片、多边形、HSDS 和 NURBS 模型，如图 3-49 所示。

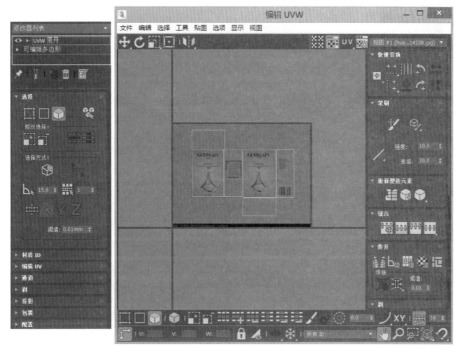

图 3-49 "UVW 展开"修改器

项目 1 不透明贴图——制作蝴蝶

✎ 学习目标

通过实战掌握"不透明"贴图编辑；熟练材质子父层级转换。

"不透明" 贴图编辑。

"不透明" 贴图编辑。

实　战

1. 单击 ⬚ 按钮打开本书配套素材 "工程文件〉 第3章〉3.2〉项目1 不透明贴图——制作蝴蝶〉蝴蝶. max", 如图3-50所示。

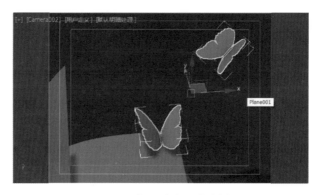

图3-50　打开本书配套素材

2. 按【M】键打开 "材质编辑器", 选择一个空白材质球, 设置材质类型为 "标准", 并将其命名为 "蝴蝶1"。在 "漫反射" 贴图通道中加载本书配套素材 "工程文件〉第3章〉3.2〉项目1 不透明贴图——制作蝴蝶〉 蝴蝶1 jpg" 文件, 在 "不透明度" 贴图通道中加载本书配套素材 "工程文件〉第3章〉3.2〉项目1 不透明贴图——制作蝴蝶〉 蝴蝶副本.jpg" 文件, 调整自发光 "颜色" 参数为40, 调亮蝴蝶翅膀, 如图3-51所示。

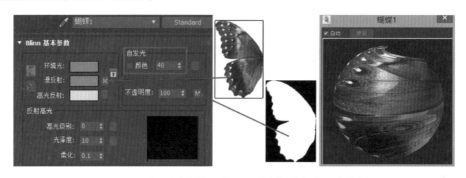

图3-51　在 "漫反射" 贴图通道中加载本书配套素材

3. 将编辑好的材质 "蝴蝶1" 拖动到新的空白材质球上, 命名为 "蝴蝶2", 继承参数不变, 只调整自发光 "颜色", 勾选 "颜色", 调整色调如图3-52所示。

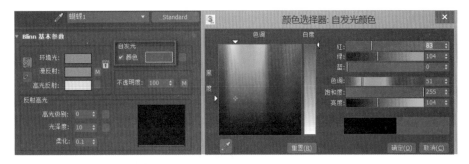

图 3-52 调整自发光颜色

4. "蝴蝶 2"的颜色发生了变化，效果如图 3-53 所示。

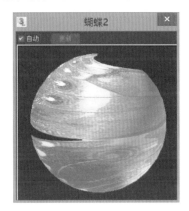

图 3-53 "蝴蝶 2"效果

5. 单击 ![按钮] 按钮将制作好的材质分别指定给场景中的两只蝴蝶，单击 ![按钮] 按钮在视口中显示材质。

注意：场景中蝴蝶为群组模型，需要先单击菜单"组"→"打开"，将翅膀指定材质后再单击菜单"组"→"关闭"群组。

6. 按【F9】键渲染当前场景，最终效果如图 3-54 所示。

图 3-54 最终效果

项目2 衰减贴图——制作靠枕

学习目标

通过实战掌握"衰减"材质编辑；熟练"凹凸"贴图的编辑方法。

技术掌握

"衰减"材质编辑、"凹凸"贴图的编辑。

学习重点

"衰减"材质编辑。

实 战

1. 单击 按钮打开本书配套素材"工程文件〉第3章〉3.2〉项目2衰减贴图——制作靠枕〉靠垫. max"，如图3-55所示。

图3-55 打开本书配套素材

2. 按【M】键打开"材质编辑器"，选择一个空白材质球，单击"漫反射"贴图通道后面的空白按钮，选择"衰减"贴图，参数面板如图 3-56 所示。

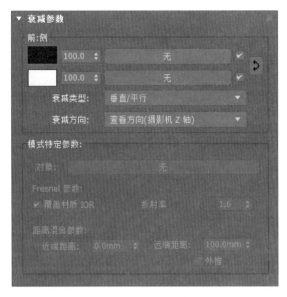

图 3-56   "衰减"参数

3. 单击"衰减参数"面板"前：侧"第一个空白按钮，在贴图通道中加载本书配套素材"工程文件〉第 3 章〉3.2〉项目 2 衰减贴图——制作靠枕〉023.jpg"文件，调整"前：侧"颜色 2，可以使用吸管工具直接吸取材质球中色调，混合参数为 80；同时在"混合曲线"卷展栏中添加控制点，右击转换点为"Bezier-平滑"，调整曲线，如图 3-57、图 3-58 所示。

图 3-57   衰减参数

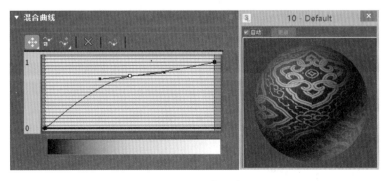

图 3-58   混合曲线

4. 单击"转到父对象"按钮  回到上一级材质编辑。展开"贴图"卷展栏，在"凹凸"贴图通道中加载本书配套素材中"工程文件〉第3章〉3.2〉项目2 衰减贴图——制作靠枕〉布纹凹凸.jpg"文件，调整"数量"为380，增强凹凸效果，如图3-59所示。

图3-59　在"凹凸"贴图通道中加载本书配套素材

5. 将编辑好的材质分别指定给场景中的2个靠垫，按【F9】键渲染当前场景，效果如图3-60所示。

图3-60　渲染效果

项目3　"UVW展开"修改器——制作包装盒

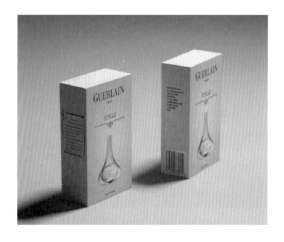

通过实战掌握"UVW展开"修改器的使用方法。

技术掌握

"UVW展开"修改器。

学习重点

"UVW展开"修改器。

实 战

1. 打开 3Ds Max 2017，创建一个长方体，如图3-61所示。

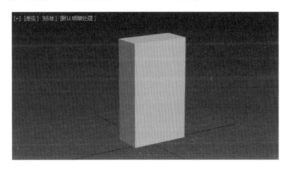

图3-61　创建一个长方体

2. 将长方体放到坐标原点处（X: 0\ Y: 0\ Z: 0），在状态栏中右击"轴"微调器上下箭头可将数据直接归"0"，如图3-62所示。

图3-62　将长方体放到坐标原点处

3. 按【M】键打开"材质编辑器"，选择一个空白材质球，在"漫反射"贴图通道空白按钮单击，加载本书配套素材"工程文件〉第3章〉3.2〉项目3"UVW展开"修改器——制作包装盒〉包装贴图.jpg"文件，单击 按钮将制作好的材质指定给场景中的长方体，单击 按钮在视口中显示材质，如图3-63所示。

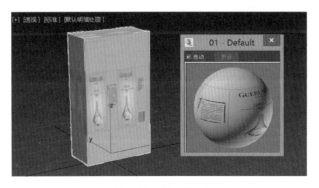

图3-63　指定贴图

4. 为长方体添加"UVW展开"修改器，在"选择"卷展栏中单击多边形按钮 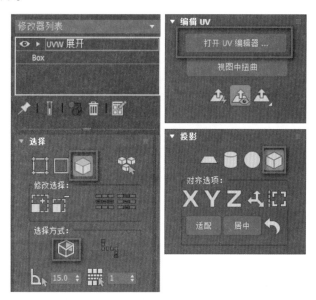，取消默认的"忽略背面" 选择方式，在"投影"卷展栏中单击"长方体"贴图，单击"打开UV编辑器"按钮打开编辑器，如图3-64所示。

图3-64　添加"UVW展开"修改器

5. 在多边形层级下框选长方体，在"编辑UVW"中单击贴图菜单，选择"展平贴图"，如图3-65和图3-66所示。

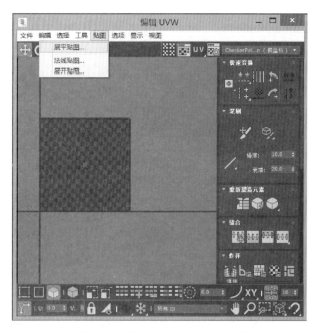

图3-65　在"编辑UVW"中单击贴图菜单

图 3-66　展平贴图

6. 在纹理列表中选择 <u>贴图 #1 (包装贴图.jpg)</u> ▼ ，在窗口中显示贴图，如图 3-67 所示。

图 3-67　在窗口中显示贴图

7. 单击"自由形式模式"按钮 回 ，选择一个较大的多边形，对齐贴图中一个较大的面，观察透视图中效果，发现贴图是反的，单击镜像工具，按需求可多次镜像，直到视口中贴图完全正确，如图 3-68 所示。

图 3-68　自由形式模式调整贴图

8. 同理继续调整对齐展开的其他面，同时在视图中观察贴图效果是否正确，如图 3-69 所示。

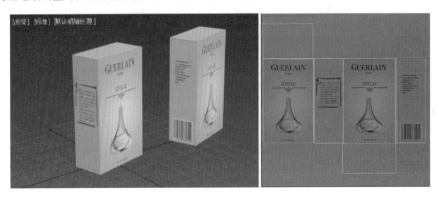

图 3-69　调整对齐展开的其他面

9. 按【F9】键渲染当前场景，效果如图 3-70 所示。

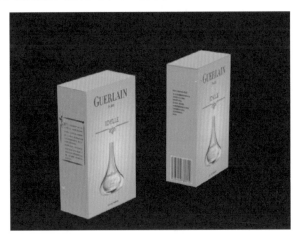

图 3-70　渲染效果

3.3　VRay 材质

　知识预备

❖ VRay 是一款较小，但功能强大的渲染器插件，尤其在室内外效果图制作中非常实用。安装 VRay
渲染器后，材质大致有 20 余种，单击"Standard"按钮，在弹出的"材质/贴图浏览器"对话框中可以
观察 VRay 的材质类型，如图 3-71 所示。

❖ VRayMtl(VRay 标准材质)。VRay 渲染系统专用材质，是 VRay 最为常用的材质类型，如图 3-72 所示。漫反射颜色相当于物体表面的固有色，漫反射贴图通道可以加载贴图。"Reflect"通过颜色控制反射强度，纯黑色为反射最弱，纯白色为反射最强；HGlo/RGlo 参数控制反射模糊效果，参数为 1 时表示没有反射；"Subdivs"控制光线数量，数值越大，反射效果越细腻；"Fresnel reflections"默认为"启用"，具有真实世界的反射效果。

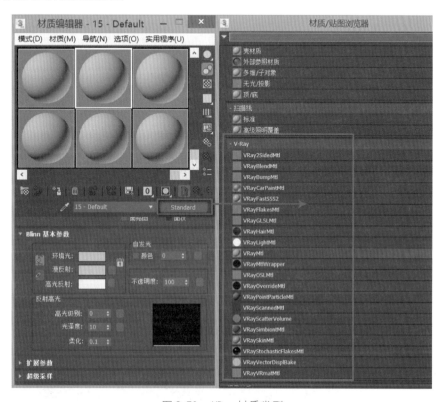

图 3-71　VRay 材质类型

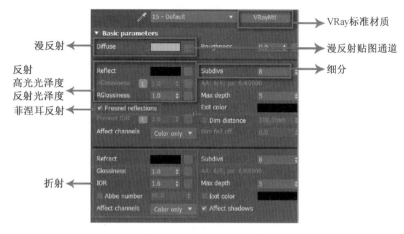

图 3-72　VRay 标准材质

❖ VRayLightMtl (VRay 灯光材质)。可以在场景中产生明暗效果，是一种自发光材质，常用来表现灯带、电视机屏幕等自发光材质，如图 3-73 所示。

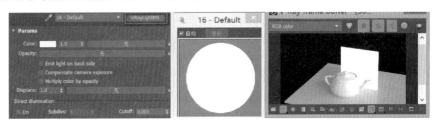

图 3-73　VRay 灯光材质

❖ VRayMtlWrapper（VRay 包裹材质）。主要用于控制材质的全局光照、焦散和不可见等特殊需要。通过 VRay 包裹材质，可以将标准材质转换为 VRay 渲染器支持的材质类型，也可以用来控制材质在场景中过亮或者色溢过多，如嵌套后控制自发光材质效果，如图 3-74 所示。

图 3-74　VRay 包裹材质

❖ VRayMap（VRay 贴图）。相当于 3Ds Max 中的光线跟踪材质，主要用于 3Ds Max 标准材质下加载"反射/折射"贴图通道，模拟反射/折射效果，如图 3-75 和图 3-76 所示。

图 3-75　VRay 贴图

图 3-76　模拟反射/折射效果

❖ VRayEdgesTex (VRay 边纹理贴图)。常用于制作清晰的模型结构线效果，加载在 VRayMtl "不透明" 贴图通道，显示为线框模式，如图 3-77 所示。

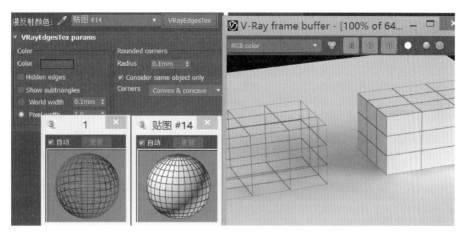

图 3-77　VRay 边纹理贴图

❖ VRayHDRI（VRay 高动态范围贴图）。HDRI 是一种特殊的图形文件格式，既包含 RGB 信息，也包含亮度信息，作为环境贴图时，能够照亮场景，常用来真实再现场景所处的环境，效果十分真实，如图 3-78 所示。

图 3-78　VRay 高动态范围贴图

项目 1　阳光小卧室

学习目标

通过实战掌握 VRayMtl (VRay 标准材质) 编辑；熟练不同质感材质编辑的方法；了解 VRay 灯光、VRay 渲染器。

 技术掌握

VRayMtl (VRay 标准材质) 编辑、VRay 灯光。

 学习重点

VRayMtl (VRay 标准材质) 编辑。

实 战

1. 单击 按钮打开本书配套素材 "工程文件〉第 3 章〉3.3〉项目 1 阳光小卧室〉小卧室.max"，如图 3-79 所示。

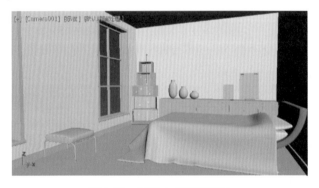

图 3-79 打开本书配套素材

2. 编辑墙面 "乳胶" 漆材质。按【M】键打开 "材质编辑器"，选择一个空白材质球，将其命名为 "乳胶漆"，转换为 VRayMtl (VRay 标准材质)，修改 "漫反射" 颜色为 240 白色，调整 Subdivs (细分) 参数为 5，如图 3-80 所示。单击 按钮将制作好的材质分别指定给场景中的墙体。

图 3-80 编辑墙面 "乳胶" 漆材质

3. 编辑 "地板" 材质。选择一个空白材质球，将其命名为 "地板"，转换为 VRayMtl (VRay 标准材质），在"漫反射"贴图通道中加载本书配套素材"工程文件〉第3章〉3.3〉项目1 阳光小卧室〉地板.jpg"文件，调整参数如图3-81所示。同时在"Maps"卷展栏实例复制地板贴图到"凹凸"贴图通道。观察地板材质效果，如不正确可增加"UVW贴图"修改器，贴图方式为"平面"。单击  按钮将制作好的材质分别指定给场景中的地板。

图3-81 编辑"地板"材质

图3-82 "凹凸"贴图

4. 编辑"塑钢窗"材质。选择一个空白材质球，将其命名为"塑钢"，转换为VRayMtl（VRay标准材质），调整漫反射颜色，调整反射强度，调整HGlo/RGlo参数，在"BRDF"卷展栏中调节Anisotropy参数为0.4，Rotation为85.0，如图3-83所示。单击 按钮将制作好的材质分别指定给场景中的窗框。

5. 编辑窗台"大理石"材质。选择一个空白材质球，将其命名为"大理石"，转换为VRayMtl（VRay标准材质），在"漫反射"贴图通道中加载本书配套素材中"工程文件〉第3章〉3.3〉项目1 阳光小卧室〉窗台石.jpg"文件，调整反射强度，调整HGlo/RGlo参数，如图3-84所示。单击 按钮将制作好的材质分别指定给场景中的窗台。

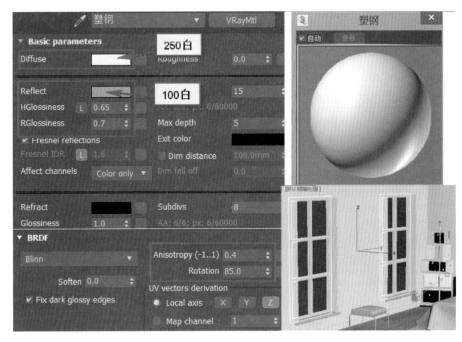

图 3-83　编辑"塑钢窗"材质

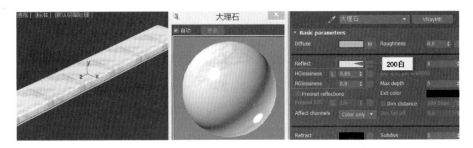

图 3-84　编辑窗台"大理石"材质

6. 编辑家具"油漆"材质。选择一个空白材质球，将其命名为"白色油漆"，转换为 VRayMtl（VRay 标准材质），调整漫反射颜色，调整反射强度，调整 HGlo/RGlo 参数，如图 3-85 所示。单击 ![按钮] 按钮将制作好的材质分别指定给场景中的窗套、门、踢脚线与部分角柜。

7. 将"白色油漆"直接拖到空白材质球上进行复制，调整漫反射颜色为黑色，调整 HGlo/RGlo 参数，如图 3-86 所示。单击 ![按钮] 按钮将制作好的材质分别指定给场景中的矮柜与部分角柜。在弹出的"指定材质"对话框中重命名材质为"黑色油漆"，效果如图 3-87 所示。

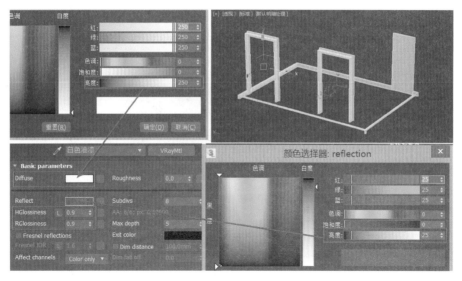

图 3-85　编辑家具"油漆"材质

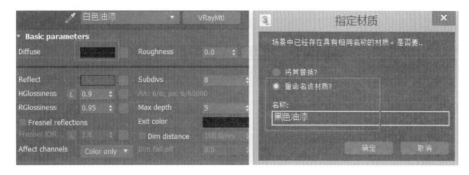

图 3-86　在材质球上进行复制

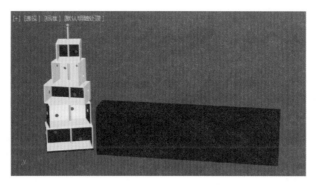

图 3-87　家具效果

8. 编辑镜面"不锈钢"材质。选择一个空白材质球，将其命名为"不锈钢"，转换为 VRayMtl (VRay 标准材质)，调整漫反射颜色为黑色，调整反射强度为白色，调整 HGlo/RGlo 参数，增加 Subdivs 参数为 20，同时取消勾选"Fresnel reflections"，如图3-88 所示。单击 按钮将制作好的材质分别指定给场景中的矮柜门拉手、角柜不锈钢支架与凳腿。

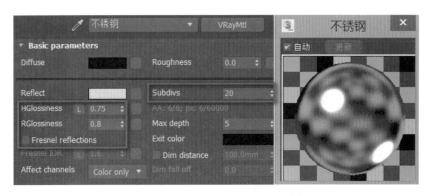

图 3-88 编辑镜面 "不锈钢" 材质

9. 编辑 "瓷器" 材质。选择一个空白材质球，将其命名为 "瓷器"，转换为 VRayMtl (VRay 标准材质)，调整漫反射颜色为 245 白色，调整反射强度为 250 白色，调整 HGlo/RGlo 参数，如图 3-89 所示。单击 ⚙ 按钮将制作好的材质分别指定给场景中的 3 个瓷瓶。

图 3-89 编辑 "瓷器" 材质

10. 编辑 "床单" 材质。选择一个空白材质球，将其命名为 "床单"，转换为 VRayMtl (VRay 标准材质)，在 "漫反射" 贴图通道中加载本书配套素材 "工程文件〉第 3 章〉3.3〉项目 1 阳光小卧室〉床单.jpg" 文件，调整反射强度，调整 HGlo/RGlo 参数，在 "Option" 卷展栏中取消勾选 "Trace reflections"，如图 3-90 所示。单击 ⚙ 按钮将制作好的材质指定给场景中的床单。

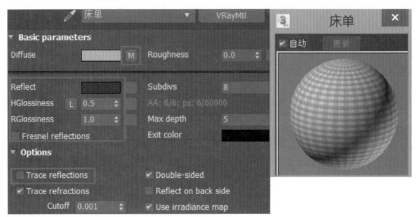

图 3-90 编辑 "床单" 材质

11. 编辑"皮革"材质。选择一个空白材质球，将其命名为"皮革"，转换为 VRayMtl（VRay 标准材质），在"漫反射"贴图通道中加载本书配套素材"工程文件〉第 3 章〉3.3〉项目 1 阳光小卧室〉皮革.jpg"文件，调整反射贴图通道加载"衰减"贴图，"衰减"贴图通道再次加载皮革贴图，调整混合参数分别为 5.0 和 25.0。调整 HGlo/RGlo 参数，并实例复制漫反射贴图到凹凸贴图通道表现皮革凹凸效果，如图 3-91 所示。单击 按钮将制作好的材质分别指定给场景中的矮凳与床体。

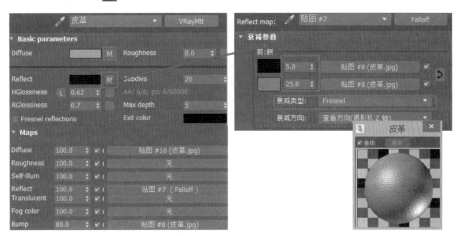

图 3-91　编辑"皮革"材质

12. 编辑"装饰画"材质。分别选择两个空白材质球，将其命名为"装饰画 1"和"装饰画 2"，在"漫反射"贴图通道中加载本书配套素材"工程文件〉第 3 章〉3.3〉项目 1 阳光小卧室〉装饰画1.jpg，装饰画 2.jpg"文件。单击 按钮将制作好的材质指定给场景中的装饰画芯。画框使用白色油漆材质。

13. 创建"灯光"。顶视图创建一盏 VRay 太阳光，在弹出的对话框中选择"是"，自动添加一张 VRay 天空环境贴图，调整强度倍增值与大小倍增值，如图 3-92 所示。

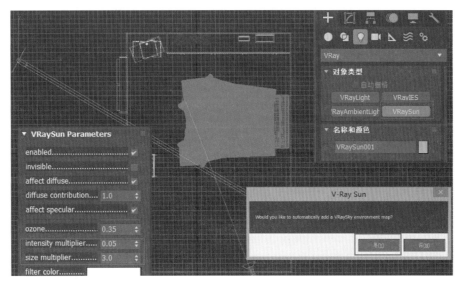

图 3-92　创建"灯光"

14. 单击 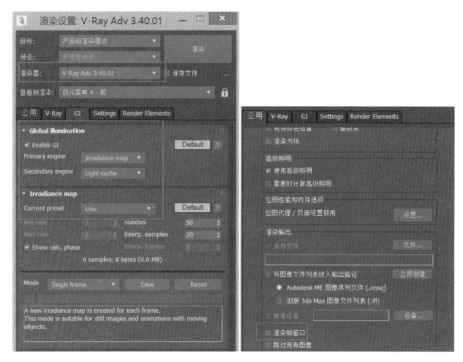 按钮打开"渲染"设置,更换渲染器为 VRay 渲染器,在"公用"卷展栏取消勾选"渲染帧窗口",在"GI"卷展栏启用"Enable GI",具体设置如图 3-93 所示。

图 3-93　渲染设置

15. 按【F9】键渲染当前场景,最终效果如图 3-94 所示。

图 3-94　最终效果

第4章 灯光、摄影机与渲染技术

4.1 标准灯光

 知识预备

❖ 灯光是 3Ds Max 中照亮场景的光源，除了基本的照明作用外，灯光还对烘托场景的整体气氛起着非常重要的作用，3ds Max 软件结合 V-Ray 渲染器后，其灯光创建主要集中于创建面板中，类型分为"标准""光度学""VRay"3 种灯光，如图 4-1 所示。

标准灯光是 3Ds Max 中的传统灯光系统，属于一种模拟的灯光类型，能够模仿现实生活中的各种光源。它与后来增加的光度学灯光最大的区别在于，没有基于实际物理属性的参数设置。标准灯光有 6 种灯光对象，如图 4-2 所示。

图 4-1　灯光类型

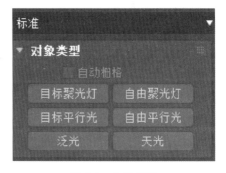

图 4-2　标准灯光

1. 目标/自由聚光灯

聚光灯产生的是从发光点向某一方向照射、照射范围为锥形的灯光，常用于模拟路灯、舞台追光灯等的照射效果。

2. 目标/自由平行光

平行光产生的是圆形或矩形的平行照射光线，常用来模拟太阳光、探照灯、激光光束等的照射效果。

3. 泛光

泛光属于点光源，可以向四周发射均匀的光线，照射范围大，无方向性，常用来照亮场景或模拟灯泡、吊灯等的照射效果。

4. 天光

天光可以从四面八方同时向物体投射光线，还可以产生穹顶灯一样的柔化阴影，缺点是被照射物体的面无高光效果，常用于模拟日光或室外场景的灯光。

❖ 标准灯光参数。集中在"常规参数""强度/颜色/衰减""聚光灯参数""阴影参数"和"大气和效果"等卷展栏中，如图4-3所示。

图4-3　标准灯光参数

❖ 创建灯光时，通常先创建主光源，再创建辅助光，最后创建背景光和装饰灯光。3Ds Max 中利用灯光的"排除"与"包括"功能控制场景对象照明与阴影投射情况，如图4-4所示。

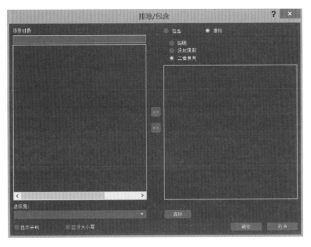

图4-4 灯光的"排除"与"包括"功能

项目1 标准灯光——书桌

学习目标

通过实战熟悉灯光的照明原理和工作流程；熟练使用聚光灯、泛光灯调整阴影效果。

技术掌握

聚光灯、泛光灯。

学习重点

聚光灯。

实 战

1. 单击 ![按钮] 按钮打开本书配套素材"工程文件〉第4章〉4.1〉项目1 标准灯光——书桌〉书桌.

max"，如图 4-5 所示。

图 4-5 打开本书配套素材

2. 前视图创建一盏"标准灯光"→"目标聚光灯"，模拟夜晚台灯照明效果，灯光位置如图 4-6
所示。

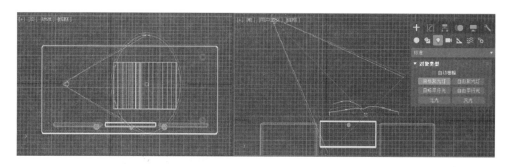

图 4-6 创建一盏标准目标聚光灯

3. 调整灯光参数，作为主光源的聚光灯需要设置阴影效果，在"常规参数"卷展栏启用"阴影"，
如图 4-7 所示。在"阴影参数"卷展栏中调整阴影密度为 0.5，淡化阴影效果，如图 4-8 所示。

图 4-7 启用"阴影"　　　　　　图 4-8 调整阴影密度

4. 在"强度/颜色/衰减"卷展栏中调整灯光颜色为偏黄的暖光，参数如图 4-9 所示。

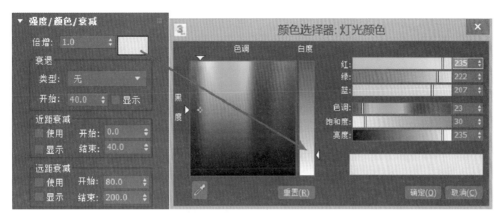

图 4-9　调整灯光颜色

5. 在"聚光灯参数"卷展栏调整聚光光束与衰减区域，使照明光圈呈现渐变模糊边缘效果，参数设置如图 4-10 所示。

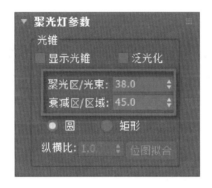

图 4-10　调整聚光光束与衰减区域

6. 添加一盏泛光灯作为辅助光源照亮书桌前方，注意辅助光源不产生阴影，修改模型形状如图 4-11 所示。

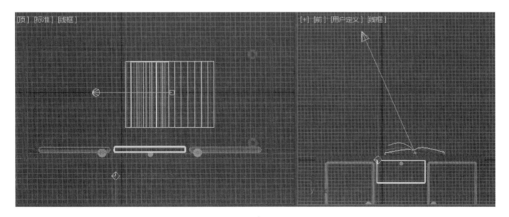

图 4-11　添加一盏泛光灯作为辅助光源

7. 调整泛光灯强度倍增为 0.48，突出主光源效果，如图 4-12 所示。

图 4-12　调整泛光灯强度

8. 按【F9】键快速渲染，效果如图 4-13 所示。

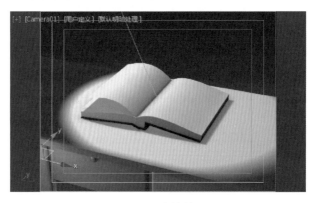

图 4-13　渲染效果

4.2　VRay 灯光

　知识预备

❖ 安装好 VRay 渲染器后，在"灯光"面板可以选择 VRay 灯光，VRay 灯光包括"VRayLight""VRay-IES""VRay Ambientlight"及"VRaySun"，如图 4-14 所示。

1. VRayLight。一种人造光源，主要用来模拟室内光源，常在室内设计效果图中使用。VRayLight 有 4 种类型，包括"平面""穹顶""球体"与"网格体"。

2. VRayIES。一种物理光源，主要通过添加 IES 文件制作筒灯效果，如图 4-15 所示。

图 4-14　VRayLight

图 4-15　VRayIES

3. VRayAmbientlight。主要用来制作辅助光源，如图 4-16 所示。

图 4-16　VRayAmbientlight

4. VRaySun。主要用来模拟真实室外太阳光，如图 4-17 所示。

图 4-17　VRaySun

项目 1　VRayLight——灯泡照明

学习目标

通过实战掌握 VRay 光源灯光的基本创建方法和基本参数的设定；了解 VRay 光源的相关知识和应用。

技术掌握

VRay 平面光源、VRay 球形光源。

学习重点

VRay 球形光源。

实　战

1. 单击 📷 按钮打开本书配套素材 "工程文件〉第 4 章〉4.2〉项目 1 VRay light——灯泡照明〉灯泡照明. max"，如图 4-18 所示。

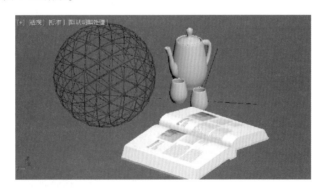

图 4-18　打开本书配套素材

2. 创建一盏 VRay 光源，与几何球体中心对齐，如图 4-19 所示。

图 4-19　创建一盏 VRay 光源

3. 选中刚刚创建的 VRay 光源，调整参数"Type"为 Sphere，半径为 6.0 mm，灯光倍增值为 35.0，如图 4-20 所示。

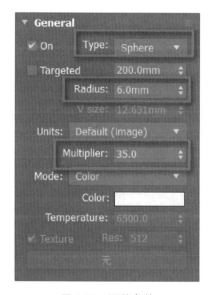

图 4-20　调整参数

4. 按【F9】键快速渲染，效果如图 4-21 所示。

图 4-21　快速渲染效果

5. 顶视图创建一盏 VRay 平面光作为场景辅助光源，调整位置如图 4-22 所示。

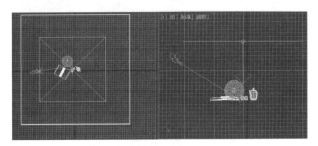

图 4-22　创建一盏 VRay 平面光

6. 选择 VRay 平面光，进入修改面板，调整参数如图 4-23 所示。

图 4-23　调整参数

7. 再次按【F9】键快速渲染，效果如图 4-24 所示。

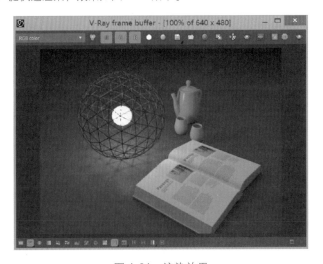

图 4-24　渲染效果

4.3 摄影机技术

知识预备

❖ 在 3Ds Max 2017 中，摄影机的功能和现实中的摄影机功能非常相似，都是使用镜头将场景中的镜像记录下来。摄影机的类型包括"标准摄影机"与"VRay 物理摄影机"，标准摄影机又包含"自由摄影机"与"目标摄影机"两种，如图 4-25 所示。

1. 自由摄影机。自由摄影机的初始方向是沿着当前视图栅格的 Z 轴负方向。也就是说，在顶视图中创建，摄影机方向垂直向下；在前视图中创建，摄影机方向由屏幕向内。自由摄影机常用来制作摄影机漫游动画，如图 4-26 所示。

图 4-25　标准摄影机

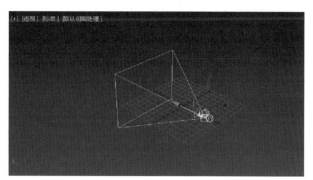

图 4-26　自由摄影机

2. 目标摄影机，包含摄影机与摄影机目标点，可以快速将目标对象定位在所需要的位置中心，比自由摄影机更易于定向，如图 4-27 所示。

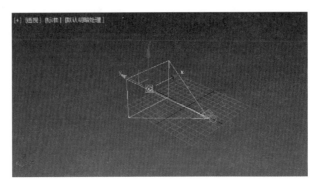

图 4-27　目标摄影机

❖ VRay 物理摄影机。相当于一台真实的摄影机，拥有光圈、快门、曝光等参数调节功能，与目标摄影机一样包含摄影机与目标点两个部件，如图 4-28 所示。

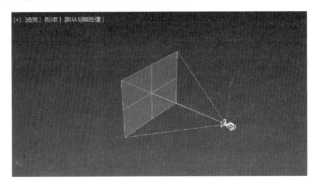

图 4-28　VRay 物理摄影机

项目 1　摄影机景深——散落的磁力珠

学习目标

通过实战掌握摄影机的创建方法；初步了解摄影机景深效果的制作。

物理摄影机。

摄影机景深效果。

实　战

1. 单击 按钮打开本书配套素材"工程文件〉第4章〉4.3〉项目1 摄影机景深——散落的磁力珠〉散落的磁力珠.max",如图4-29所示。

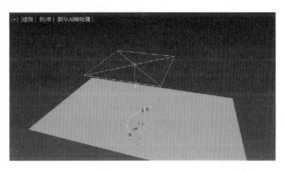

图4-29　打开本书配套素材

2. 顶视图创建一台物理摄影机,摄影机目标点对准靠近中心红色磁力珠,如图4-30所示。

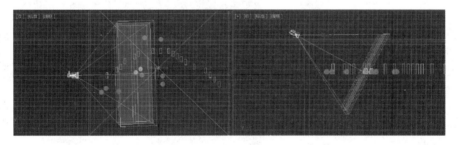

图4-30　创建一台物理摄影机

3. 选择物理摄影机,通过右下角摄影机视图导航按钮调整摄影机位置,按【C】键将透视图转化为摄影机视图,同时按【Shift +F】键显示安全框,结果如图4-31所示。

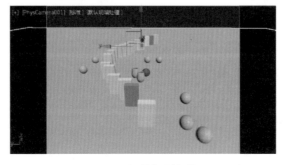

图4-31　调整摄影机位置

4. 按【F9】键快速渲染，效果如图 4-32 所示。此时可以看出图中并没有景深效果。

5. 在物理摄影机卷展栏中勾选"启用景深"，完成摄影机景深效果编辑，如图 4-33 所示。

6. 再次按【F9】键快速渲染，最终效果如图 4-34 所示。

图 4-32　快速渲染

图 4-33　启用景深

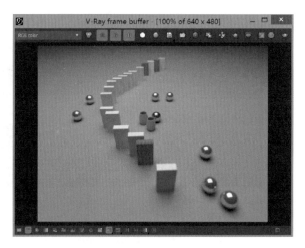

图 4-34　最终效果

4.4　渲染技术

　知识预备

❖ 在 3Ds Max 2017 中，最基础的是"默认扫描线渲染器"，在安装了 VRay 渲染器后可以使用 VRay 渲染器来渲染场景，如图 4-35 所示。

图 4-35　渲染器选用

❖ 渲染工具。主工具栏提供了一组渲染工具 。其中，"渲染设置"按钮 可以打开渲染设置对话框，用来设置渲染参数；"渲染帧窗口"按钮 可以打开如图 4-36 所示的对话框，在该对话框中可以选择渲染区域、存储渲染图像等。

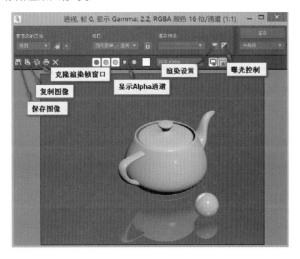

图 4-36　渲染工具

❖ 默认扫描线渲染器。将场景从上到下生成一系列扫描线，默认扫描线渲染器为 3Ds Max 默认的渲染器，共有"公用""渲染器""Render Elements""光线跟踪""高级照明"五个选项卡，如图 4-37 所示。

图 4-37 默认"扫描线渲染器"

❖ VRay 渲染器。可以真实地模拟光照效果，操作较为简单，能够保证较高的渲染质量的同时具有较快的渲染速度，是目前最为流行的效果图制作渲染器，共有"公用""V-Ray""GI""Settings""Render Elements"五大选项卡，如图 4-38 所示。

图 4-38 VRay 渲染器

1."公用"选项卡可以设置时间输出、输出大小及文件输出路径等，如图 4-39 所示。

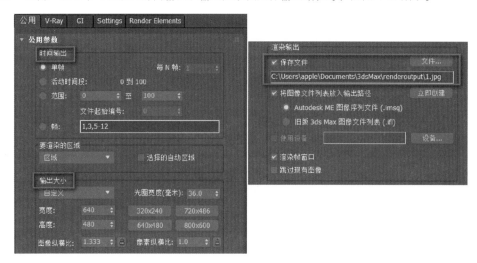

图 4-39 "公用"选项卡

2. "V-Ray"选项卡可以完成大部分渲染参数设置，如图 4-40 和图 4-41 所示。

"帧缓存"卷展栏下的参数设置可以代替 3Ds Max 自带的帧缓存设置，设置图像输出大小、保存格式及路径等。

"全局开关"卷展栏下的参数主要用于设置灯光、材质的贴图、反射等。

"自适应图像采样器"卷展栏下的参数主要用于设置细分值，影响图像的渲染精度及时间。

"环境"卷展栏下的参数主要用于设置天光的亮度、颜色、反射与折射等。

"颜色贴图"卷展栏下的参数主要用于控制场景的颜色和曝光方式。

"摄影机"卷展栏下的参数主要用于控制摄影机光圈、视野、运动模糊与景深等效果。

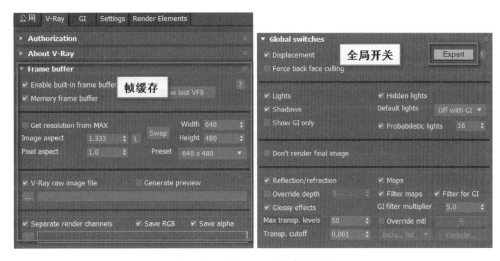

图 4-40 "VRay"选项卡帧缓存

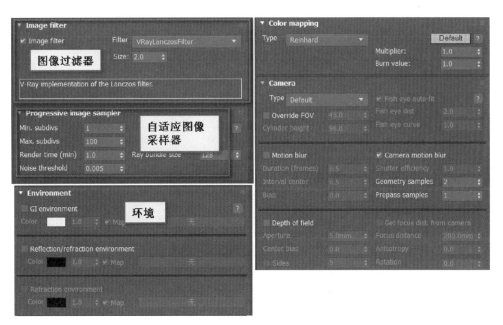

图 4-41 "VRay"选项卡图像过滤器

3. "GI" 开启后，光线会在物体间相互反弹，图像效果更佳，如图 4-42 所示。一般 "Primary en-gine" 使用 "Irradiance map"，"Secondary engine" 使用 "Light cache" 能够得到较为真实的反弹效果。

图 4-42   "GI" 选项卡全局照明

4. 在 "Settings" 选项卡中可以控制渲染整体质量和速度、材质置换效果及渲染显示和提示功能等，如图 4-43 所示。

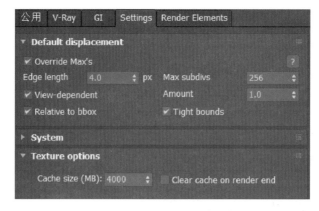

图 4-43   "Settings" 选项卡

第 5 章　商业案例制作——小书房

学习目标

通过实战全面掌握建模、材质、灯光、摄影机、渲染等技术的综合应用。

技术掌握

综合建模技术、VRay 材质编辑、布光技术。

学习重点

模型制作与渲染输出。

5.1 模型制作

1. 自定义"单位设置",在自定义菜单里将单位改为"毫米",如图 5-1 所示。

2. 单击 ![] 按钮打开本书配套素材"工程文件〉第 5 章〉小书房.max",如图 5-2 所示。

3. 在 3Ds Max 中放置图。注意首先要把平面图放到坐标原点处(X: 0 \ Y: 0 \ Z: 0),右击上下箭头可将数据直接归"0"。

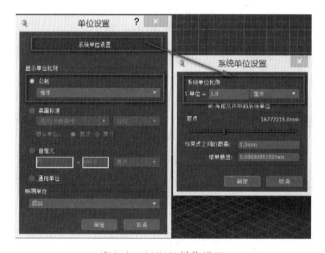

图 5-1　自定义单位设置

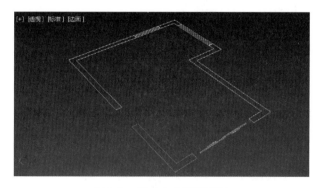

图 5-2　打开本书配套素材

4. 设置好捕捉,用对齐和捕捉来对图纸进行精确定位,如图 5-3 所示。

图 5-3　设置捕捉

5. 按【Alt +W】键最大化顶视图，按【G】键关闭栅格，选择墙体二维样条线，添加"挤出"修改器，挤出高度为 2660.0 mm，按【F4】键边面显示，效果如图 5-4 所示。

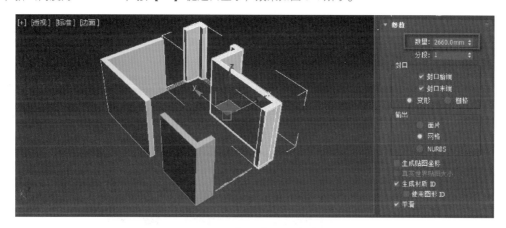

图 5-4　添加"挤出"修改器

6. 打开"材质编辑器"，选择一个空白材质球，将其命名为"白色乳胶漆"，转换为 VRayMtl（VRay标准材质），调整"Diffuse"为 245 白色，单击 按钮指定给场景中的墙体。修改面板中调整颜色为黑色，统一边线颜色，如图 5-5 所示。

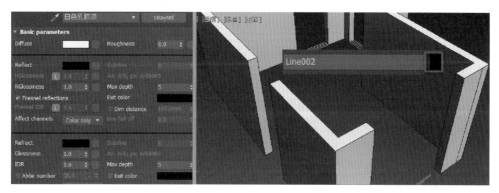

图 5-5　调整颜色

7. 填充"梁""窗洞""门洞"补充墙体模型。删除 CAD 窗与移门二维线图形，使用捕捉工具 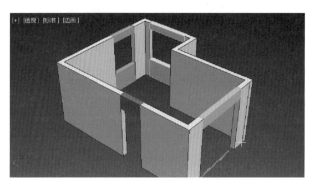 ⑶ "捕捉"顶点，顶视图中捕捉"窗洞""门洞"顶点创建"长方体"，其中，移门上方梁高为 400.0 mm，门洞上部墙体高为 560.0 mm，窗台高为 900.0 mm、窗洞上部墙体高为 290.0 mm，捕捉后沿 Y 轴对齐位置，效果如图 5-6 所示。

图 5-6　补充墙体模型

8. 全选步骤 7 填充的墙体，统一制定"白色乳胶漆"材质，边线为黑色，如图 5-7 所示。

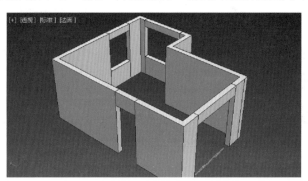

图 5-7　统一制定"白色乳胶漆"材质

9. 创建地面模型。最大化顶视图，单击 ⑶ 按钮捕捉顶点，沿墙体内部边线创建二维闭合样条线，如图 5-8 所示。

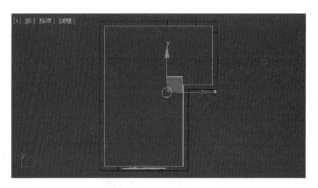

图 5-8　创建地面模型

10. 选中地面模型二维线右击选择"转换为"→"转换为可编辑多边形"，沿 Y 轴对齐捕捉到墙体底部。选择一个空白材质球，将其命名为"亚光地板"，转换为 VRayMtl（VRay 标准材质），调整漫反射颜色进行区分，单击 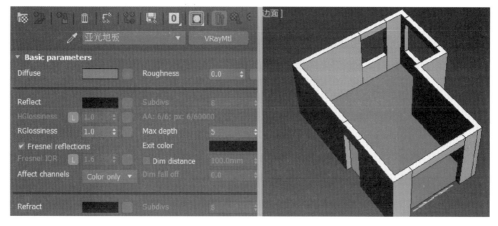 按钮指定给场景中的地面，同时统一边线颜色为黑色，如图 5-9 所示。

图 5-9　指定材质

11. 同理完成过门石创建。选择一个空白材质球，将其命名为"过门石"，转换为 VRayMtl（VRay 标准材质），调整漫反射颜色进行区分，单击 按钮指定给场景中的两处过门石，同时统一边线颜色为黑色，如图 5-10 所示。

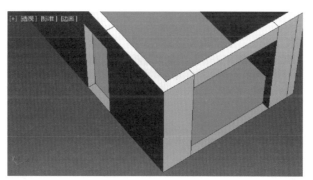

图 5-10　完成过门石创建

12. 创建吊顶模型。最大化顶视图，创建矩形，单击 按钮捕捉如图 5-11 所示的 3 个顶点创建矩形。右击选择"转换为"→"可编辑样条线"，轮廓为 400.0 mm，效果如图 5-12 所示。

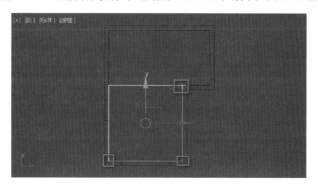

图 5-11　创建吊顶模型

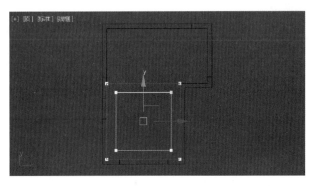

图 5-12　编辑样条线

13. 继续添加"挤出"修改器，挤出高度为 55.0 mm，Z 轴输入数值为 2520.0 mm，调整吊顶高度，如图 5-13 所示。

图 5-13　继续添加"挤出"修改器

14. 为便于观察，将"白色乳胶漆"材质赋予吊顶模型，同时孤立编辑。右击选择"转换为"→"可编辑多边形"，进入"多边形"层级，选择如图 5-14 所示顶面，移除，效果如图 5-15 所示。

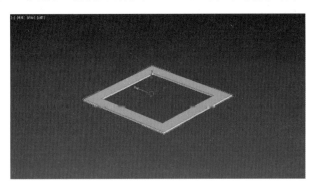

图 5-14　吊顶模型孤立编辑

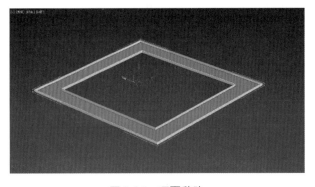

图 5-15　顶面移除

15. 制作吊顶灯带。进入"边界"层级，选择如图 5-16 所示边界，按住【Shift】键并单击 3° 按钮，均匀缩放边界至图 5-17 所示位置。

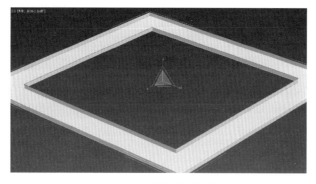

图 5-16　制作吊顶灯带

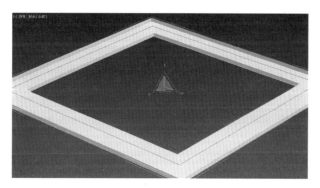

图 5-17　均匀缩放边界

16. 按住【Shift】键并单击 按钮，再沿 Z 轴向上移动边界，效果如图 5-18 所示。

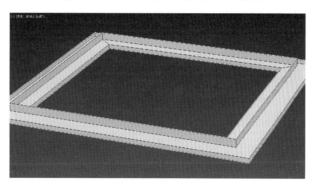

图 5-18　沿 Z 轴向上移动边界

17. 结束隔离，前视图按【F6】键约束 Y 轴，"边"捕捉状态下，捕捉墙体上边线，如图 5-19 和图 5-20 所示。

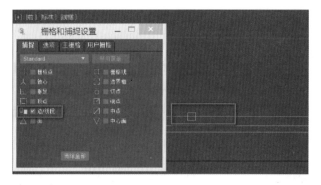

图 5-19　"边"捕捉状态

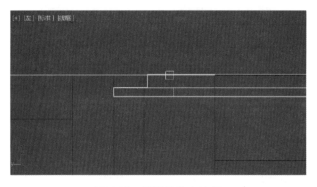

图 5-20　捕捉墙体上边线

18. 将敞开边界"封口",如图 5-21 所示。

图 5-21　将敞开边界"封口"

19. 为便于观察制作,选择吊顶模型,右击选择"对象属性",在"显示属性"中勾选"背面消隐",如图 5-22 所示。

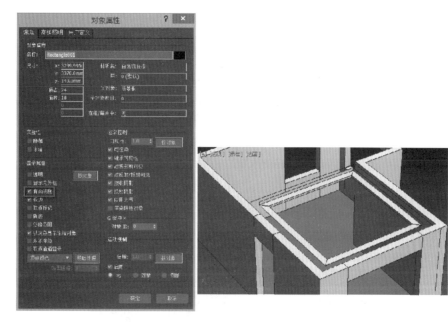

图 5-22　在"显示属性"中勾选"背面消隐"

20. 继续吊顶模型制作。打开"顶点"捕捉，分别捕捉如图 5-23 所示 3 个顶点创建矩形，添加"挤出"修改器，挤出高度为 −140.0。

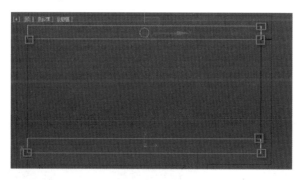

图 5-23　吊顶模型制作

21. 再次打开"顶点"捕捉两个新建吊顶内侧顶点创建矩形，添加"挤出"修改器，挤出高度为 −140.0，并转化为可编辑多边形，效果如图 5-24 所示。

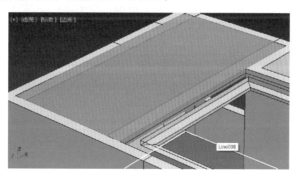

图 5-24　添加"挤出"修改器

22. 将 3 个矩形同时选中，赋予"白色乳胶漆"材质，选择中间吊顶多边形，在"多边形"层级中选中顶面，在卷展栏中单击"翻转"，翻转法线以便于观察，如图 5-25 和图 5-26 所示。

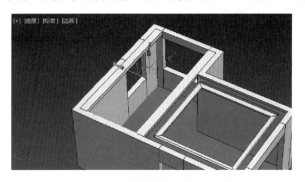

图 5-25　在卷展栏中单击"翻转"

图 5-26　翻转法线

23. "顶点"捕捉窗洞位置，创建矩形，实例克隆 26 个，添加"挤出"修改器，挤出量为 50，群组并调整高度，如图 5-27 所示。为其指定一个名称为"清漆木纹"的 VRayMtl (VRay 标准材质) 材质，调整漫反射颜色进行区分。调整高度如图 5-28 所示。

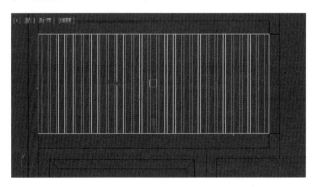

图 5-27　群组

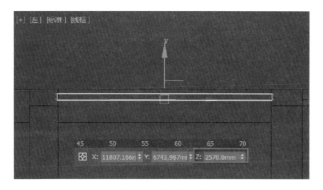

图 5-28　调整高度

24. 创建两台"目标摄影机",从两个角度观察场景,摄影机高度为 1200 mm,镜头为 20 mm,效果如图 5-29 所示,之后隐藏摄影机。

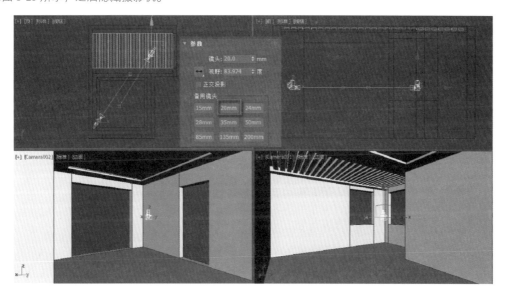

图 5-29　创建两台"目标摄影机"

25. 制作门套。前视图捕捉移门洞顶点创建矩形,右击转变为可编辑样条线,删除底部样条线,"轮廓"剩余样条线,轮廓量为 -50,如图 5-30 所示。

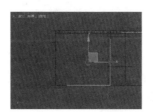 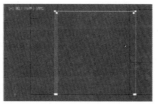

图 5-30　制作门套

26. 给门套添加"挤出"修改器,参数如图 5-31 所示。

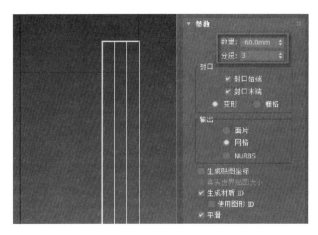

图 5-31　给门套添加"挤出"修改器

27. 右击转换为可编辑多边形，"顶点"层级下在移门门洞位置捕捉对位，如图 5-32 所示。

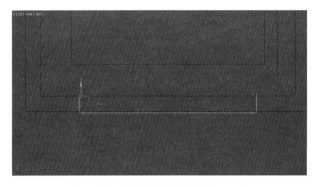

图 5-32　在移门门洞位置捕捉对位

28. 调整门套。右击"移动工具"按钮，在对话框中输入数值精确调整位置，多边形顶点层级框选左侧四组顶点，X 轴向右移动 20 mm，同理移动右侧与门套上方顶点，效果如图 5-33 所示。

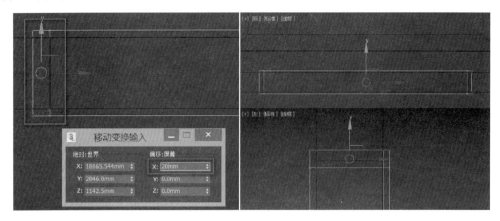

图 5-33　调整门套

29. 孤立门套模型，删除隐藏在墙体内部的面，为其指定一个名称为"油漆"的 VRayMtl（VRay 标准材质）材质，调整漫反射颜色进行区分，如图 5-34 所示。

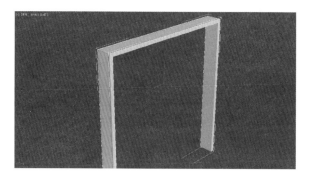

图 5-34　指定名称为"油漆"的 VRayMtl 材质

30. 制作移门门扇。"顶点"捕捉内测 4 个顶点创建矩形,挤出厚度为 50 mm,如图 5-35 所示。

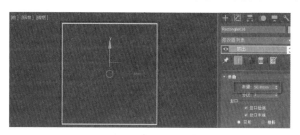

图 5-35　制作移门门扇

31. 孤立显示门扇模型,右击转换为可编辑多边形,选中上下边线,连接一次,选中右侧多边形,删除,同时将打开的多边形边界"封口",如图 5-36 和图 5-37 所示。

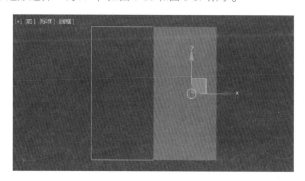

图 5-36　删除右侧多边形

图 5-37　多边形边界"封口"

32. 选中两侧的边，连接数量6，再上下连接2。之后选择切分好的面执行"插入"编辑，插入量为30 mm，按多边形插入，效果如图5-38所示。

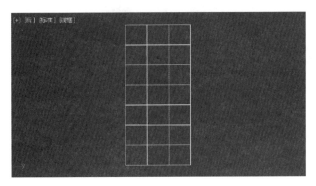

图 5-38　连接

图 5-39　执行"插入"编辑

33. 分离插入后的面为"磨砂玻璃"，为其指定一个名称为"磨砂玻璃"的 VRayMtl（VRay 标准材质）材质，调整漫反射颜色进行区分，如图5-40所示。

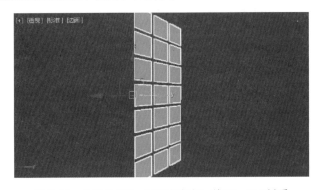

图 5-40　指定名称为"磨砂玻璃"的 VRayMtl 材质

34. 再次选择移门门扇，孤立编辑。删除背面，将编辑好的面选中，克隆到元素，透视图中 Z 轴旋转180度后捕捉对齐到原门扇多边形，如图5-41所示。

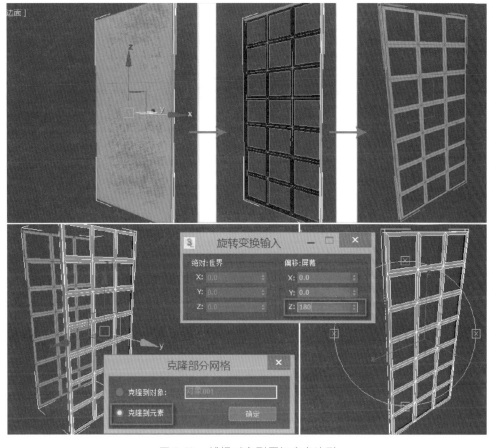

图 5-41　捕捉对齐到原门扇多边形

35. 选中如图 5-42 所示的内外两层边界，单击"编辑边界"卷展栏中"桥"按钮进行桥接，相同方法桥接其他敞开边界。为其指定一个名称为"油漆"的 VRayMtl（VRay 标准材质）材质，调整漫反射颜色进行区分。

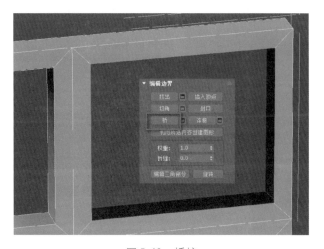

图 5-42　桥接

36. 结束隔离，调整玻璃与门扇位置后编组，实例克隆后捕捉到如图 5-43 所示位置。

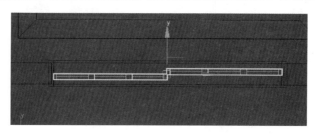

图 5-43　实例克隆后捕捉

37. 房门门套制作参考移门门套制作步骤，也可以直接克隆移门门套后编辑调整，捕捉对位，效果如图 5-44 所示。

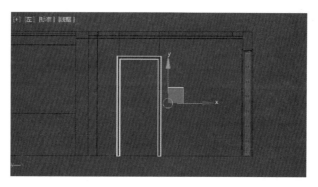

图 5-44　房门门套制作

38. 捕捉门套内测 4 个顶点创建矩形，挤出量为 50 mm，孤立显示门扇，如图 5-45 所示。

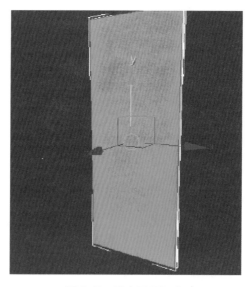

图 5-45　孤立显示门扇

39. 选中门扇多边形，向内插入，同时沿 Y 轴移动上下边，如图 5-46 和图 5-47 所示。

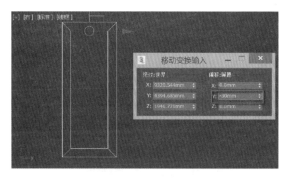

图 5-46　沿 Y 轴移动上边

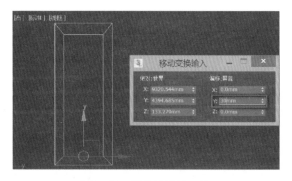

图 5-47　沿 Y 轴移动下边

40. 选中房门门扇先挤出，再倒角完成编辑，如图 5-48 所示。

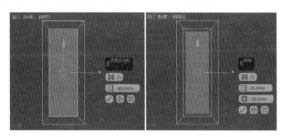

图 5-48　先挤出，再倒角

41. 选择内外两圈边，切角平滑边效果，参数与效果如图 5-49 所示。为其指定一个名称为"油漆"
的 VRayMtl（VRay 标准材质）材质，调整漫反射颜色进行区分。

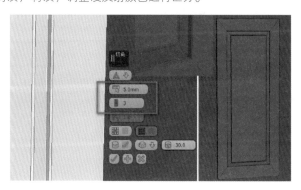

图 5-49　切角平滑边效果

42. 结束隔离，选择如图 5-50 所示顶点与房门门套对位。

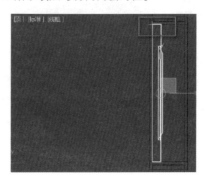

图 5-50　与房门门套对位

43. 制作窗套与窗台石。顶视图捕捉窗洞顶点创建矩形，右击转换为"可编辑样条线"，选中如图 5-51 所示顶点，X 轴移动 −45mm。

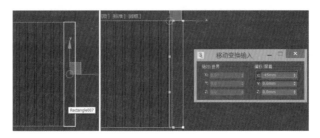

图 5-51　制作窗套与窗台石

44. 挤出 30 mm，右击转换为"可编辑多边形"，选中窗台石前侧边切角，切角参数如图 5-52 所示。为其指定一个名称为"窗台石"的 VRayMtl（VRay 标准材质）材质，调整漫反射颜色进行区分。

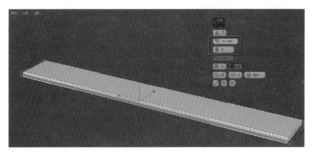

图 5-52　选中窗台石前侧边切角

45. 结束隔离，捕捉对齐窗洞底部，制作窗套方法参考门套制作步骤。将窗台石与窗套对位，效果如图 5-53 所示。

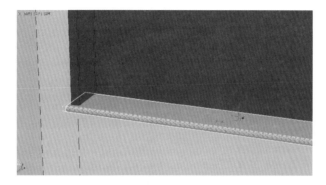

图 5-53　将窗台石与窗套对位

46. 捕捉窗套创建矩形，转变为"可编辑样条线"，选中如图 5-54 所示线段，Y 轴上移 30 mm。

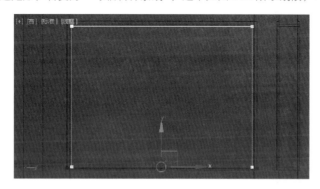

图 5-54　捕捉窗套创建矩形

47. 选中上图矩形，右击转换为"可编辑多边形"，向内插入 15 mm 制作轨道宽度，挤出 −15 mm 制作轨道厚度，再次插入 60 mm 制作窗框宽度，如图 5-55 所示。

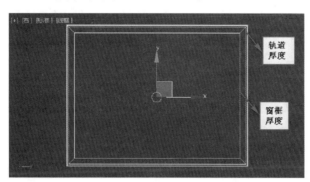

轨道厚度

窗框厚度

图 5-55　制作轨道宽度与窗框宽度

48. 选中窗框上下边，连接一次，切角为 30 mm，然后选中一侧的窗框和玻璃的面，挤出 −60 mm 制作拉窗厚度，如图 5-56、图 5-57 和图 5-58 所示。

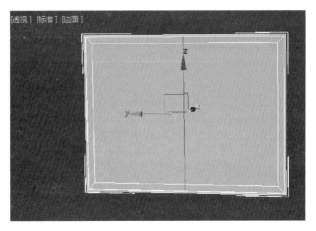

图 5-56　选中窗框上下边连接一次

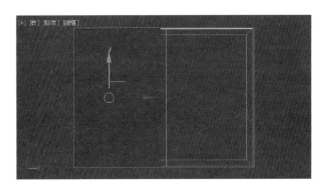

图 5-57　选中一侧的窗框和玻璃的面

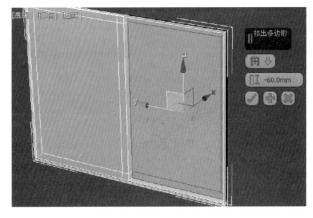

图 5-58　挤出制作拉窗厚度

49. 选中玻璃多边形，倒角制作玻璃与窗框的厚度，参数如图 5-59 所示。分离玻璃，将玻璃指定为"磨砂玻璃"材质，为窗框指定一个名称为"塑钢"的 VRayMtl (VRay 标准材质) 材质，调整漫反射颜色进行区分。同理完成另一个窗的创建，效果如图 5-60 所示。

图 5-59　倒角制作玻璃与窗框的厚度

图 5-60　为窗框指定名称为"塑钢"的 VRayMtl 材质

50. 制作踢脚线。捕捉顶点创建样条线，样条线层级下"轮廓"为 –15 mm，"挤出"为 100 mm，如图 5-61 和图 5-62 所示。

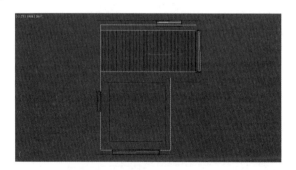

图 5-61　捕捉顶点创建样条线

图 5-62　挤出

51．导入模型。单击  按钮合并本书配套素材 "案例文件〉第 5 章〉吊灯．max" 捕捉对齐摆放到合适位置，再依次导入家具、矮柜、装饰画模型，如图 5-63 所示。

图 5-63　导入模型

5.2　材质制作

1．编辑墙面 "乳胶漆" 材质。按【M】键打开 "材质编辑器"，修改 "Diffuse" 为 240 白色，"Reflect" 为 25 深灰产生高光效果，调整 "HGlossiness" 为 0.25，取消勾选 "Fresnel reflections"，在 "Options" 卷展栏中取消勾选 "Trace refractions"，如图 5-64 和图 5-65 所示。

图 5-64　修改漫反射颜色

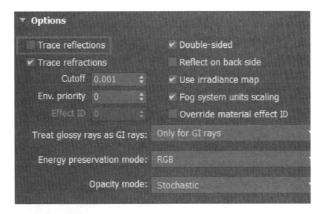

图 5-65　取消勾选"Fresnel reflections"

2. 编辑"地板"材质。在"Diffuse"贴图通道中加载本书配套素材"工程文件〉第5章〉地板.jpg"文件，调整参数如图 5-66 所示。同时在"Maps"卷展栏实例复制地板贴图到"凹凸"贴图通道，凹凸数量 60。给地板增加"UWW"贴图修改器，贴图方式为"平面"。

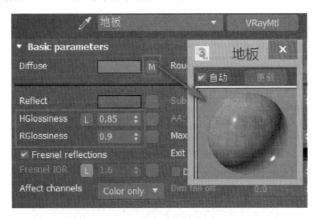

图 5-66　编辑"地板"材质

3. 编辑"过门石"材质。调整参数如图 5-67 所示。

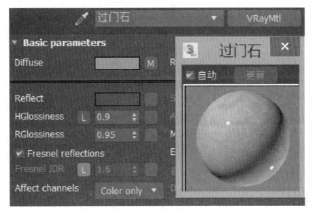

图 5-67　编辑"过门石"材质

4. 编辑"油漆"材质。调整参数如图 5-68 所示。

图 5-68　编辑"油漆"材质

5. 编辑"清漆木纹"材质。在"Diffuse"贴图通道中加载本书配套素材"工程文件〉第 5 章〉木纹.jpg"文件，选择"Refleet"为 10 黑色，调整参数如图 5-69 所示。给窗台石模型添加"UVW"贴图修改器，贴图方式为"长方体"，注意调整 U 向、V 向平铺数值，如图 5-70 所示。

图 5-69　编辑"清漆木纹"材质

图 5-70　添加"UVW"贴图修改器

6. 编辑"磨砂玻璃"材质。调整参数如图 5-71 所示。

图 5-71　编辑"磨砂玻璃"材质

7. 编辑"窗台石"材质。在"Diffuse"贴图通道中加载本书配套素材"工程文件〉第 5 章〉窗台石 . jpg"文件，选择"Reflect"为 200 白色，调整参数如图 5-72 所示。给窗台石模型添加"UVW"贴图修改器，贴图方式为"长方体"，注意调整 U 向平铺数值，如图 5-73 所示。

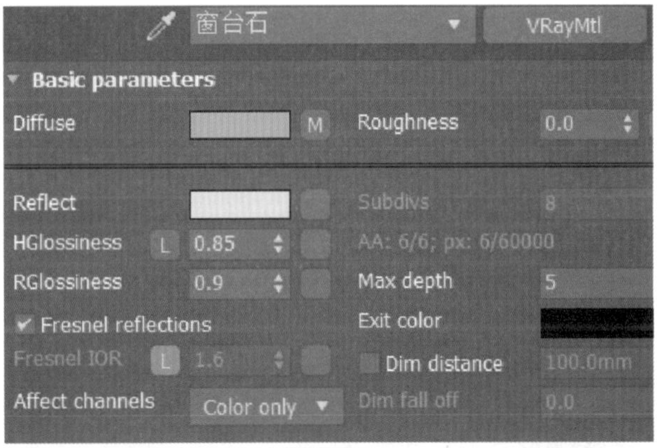

图 5-72　编辑"窗台石"材质

图 5-73　添加"UVW"贴图修改器

8. 编辑"塑钢"材质。调整参数如图 5-74 所示。

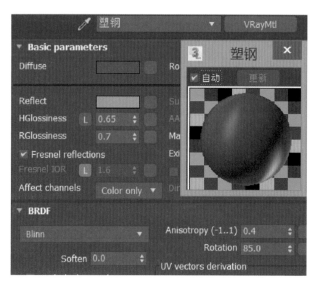

图 5-74　编辑"塑钢"材质

9. 为导入模型制定材质。孤立吊灯模型，打开编组，为灯架指定名称为"磨砂金属"的材质，磨砂金属材质参数如图 5-75 所示。为灯罩指定名称为"灯罩" VRayLMtl（VRay 材质）的材质，在"Diffuse"贴图通道中加载本书配套素材"工程文件〉第 5 章〉灯罩.jpg"文件，选择"Refceet"为 200 白色，调整参数如图 5-76 所示。给灯罩模型添加"UVW"贴图修改器，贴图方式为"长方体"，效果如图 5-77 所示。编辑完成后关闭编组。

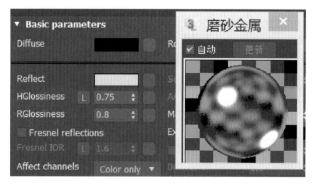

图 5-75　为灯架指定名称为"磨砂金属"的材质

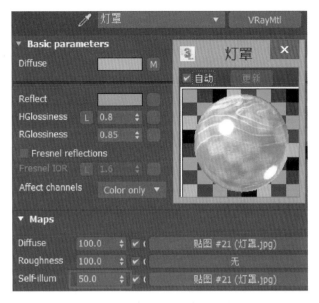

图 5-76　灯罩指定名称为"灯罩"VRayLMtl 的材质

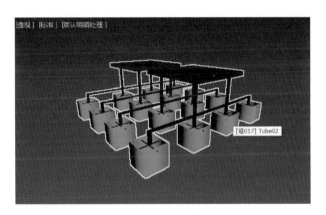

图 5-77　贴图效果

10. 孤立矮柜模型，打开编组，为矮柜及瓷盘底托指定"油漆"材质，为矮柜门拉手指定"镜面金属"材质，镜面金属材质参数如图 5-78 所示。瓷器材质参数如图 5-79 所示。磁盘材质参数如图 5-80 所示，在"Diffuse"贴图通道中加载本书配套素材"工程文件〉第 5 章〉磁盘.jpg"文件，注意需要给磁盘模型添加"UVW"贴图修改器，贴图方式为"平面"，对齐方式为"位图适配"，与漫反射贴图适配。编辑完成后关闭编组，效果如图 5-81 所示。

11. 孤立装饰画模型，打开编组，为画框指定"油漆"材质，"裱画纸"材质参数调整漫反射颜色为 200 白色，其他参数默认，如图 5-82 所示。"画心"材质在"Diffuse"贴图通道中加载本书配套素材中"工程文件〉第 5 章〉装饰画.jpg、装饰画 1.jpg"，其他参数默认，如图 5-83 所示。编辑完成后关闭编组，效果如图 5-84 所示。

图 5-78 镜面金属材质参数

图 5-79 瓷器材质参数

图 5-80 磁盘材质参数

图 5-81 矮柜效果

图 5-82   "裱画纸"材质参数

图 5-83   "画心"材质

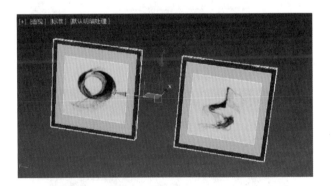

图 5-84   装饰画效果

12. 孤立家具模型，打开编组，为桌面、沙发框架指定"油漆"材质，为灯架与桌腿指定"镜面金属"材质，为灯罩指定"灯光"材质，为杯子指定"瓷器"材质，为勺子指定"磨砂金属"材质。"皮革"材质在"Diffuse"贴图通道中加载本书配套素材"工程文件〉第 5 章〉皮革.jpg"，参数如图 5-85 所示。靠垫"布纹"材质在"Diffuse"贴图通道中加载本书配套素材"工程文件〉第 5 章〉布纹.jpg"，如图 5-86 所示。杯子中的"液体"材质参数如图 5-87 所示。书本材质参数如图 5-88 所示。编辑完成后关闭编组，效果如图 5-89 所示。

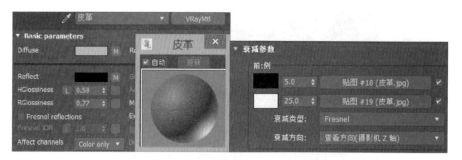

图 5-85 "皮革"材质

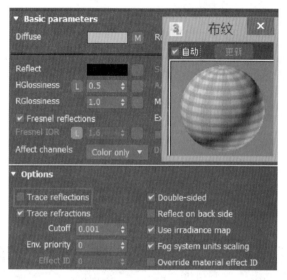

图 5-86 靠垫"布纹"材质

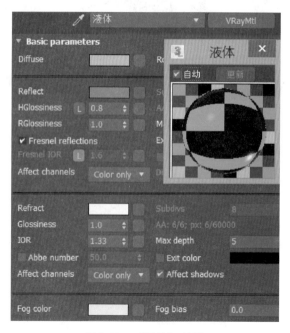

图 5-87 "液体"材质

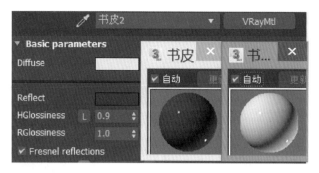

图 5-88　"书本"材质

图 5-89　家具模型效果

5.3　测试渲染参数设置

1.单击 按钮打开"渲染"设置,选择渲染器为 VRay 渲染器,在"公用"选项卡设置输出大小为 320×200,并且锁定纵横比,如图 5-90 所示。

图 5-90　设置输出大小

2. 选中"V-Ray"选项卡,在"Global switches"卷展栏中取消勾选"Hidden lights""Probabilistic lights",如图 5-91 所示。在"Image sampler (Antialiasing)"卷展栏中取消勾选"Image filter",如图 5-92 所示。在"Color mapping"卷展栏中选择"Linear multiply"形式,如图 5-93 所示。

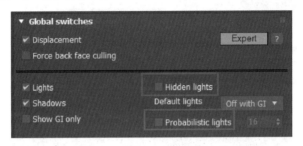

图 5-91　取消勾选"Hidden lights""Probabilistic lights"

图 5-92　取消勾选"Image filter"

图 5-93　选择"Linear multiply"形式

3. 在"Golbal iuumination"卷展栏中勾选"Enable GI",设置"Primary engine"为"Irradiance map","Secondary engine"为"Light cache",如图 5-94 所示。在"Irradiareempa"卷展栏中设置"Current preset"为"Very low",如图 5-95 所示。在"Light cache"卷展栏中设置"Subdivs"为 100,如图 5-96 所示。

图 5-94　首次反弹与二次反弹

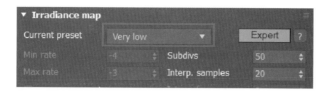

图 5-95　设置"Current preset"

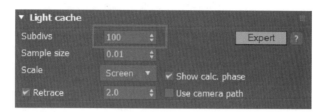

图 5-96　设置"Subdivs"

5.4　灯光设置

1. 创建主光源，孤立两个窗框，使用 VRayLight 平面光捕捉创建灯光来模拟天光，位置与参数如图 5-97 所示。

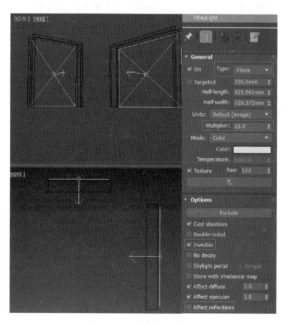

图 5-97　创建主光源

2. 创建吊灯辅助光源，捕捉吊灯大小，创建 VRayLight 平面灯光，位置与参数如图 5-98 所示。再创建 VRayLight 球形光，实例复制放入每个灯罩内，位置与参数如图 5-99 所示。

3. 创建灯带辅助光源，使用 VRayLight 平面光模拟灯带，注意灯光方向向上，位置与参数如图 5-100 所示。

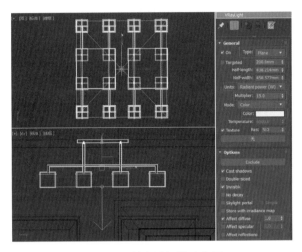

图 5-98　创建吊灯辅助光源

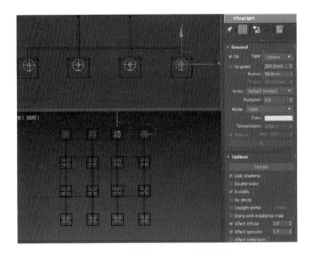

图 5-99　创建 VRayLight 球形光

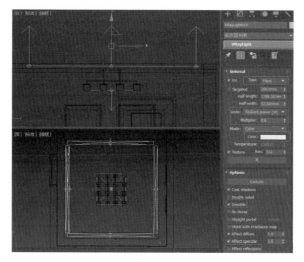

图 5-100　创建"灯带"辅助光源

4. 创建落地灯辅助光源，创建 VRayLight 球形光，勾选目标点，位置与参数如图 5-101 所示。

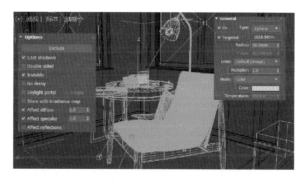

图 5-101　创建"落地灯"辅助光源

5. 测试渲染场景，效果如图 5-102 所示。

图 5-102　测试渲染场景

5.5　渲染出图参数设置

1. 提高场景中灯光采样细分值为25，如图5-103所示。

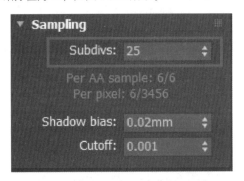

图 5-103　提高场景中灯光采样细分值

2. 单击 按钮打开"渲染"设置，选择"VRay"渲染器，在"公用"选项卡设置输出大小为1200×750，并且锁定纵横比，如图5-104所示。

图 5-104　设置输出大小

3. 选中"VRay"选项卡，在"Image filter"卷展栏中勾选"Image filter"，过滤方式选项如图5-105所示。在 Global DMC 图像采样器中设置"Noise threshold""为 0.002，"Min samples"为 20，如图5-106所示。

图 5-105　勾选"Image filter"

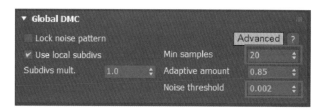

图 5-106 设置 "Noise threshold"

4. 选中 "GI" 选项卡，在 "Irradiance map" 卷展栏设置 "Current preset" 为 "Medium"，如图 5-107 所示。在 "Light cache"（灯光缓存）卷展栏中设置 "Subdivs" 为 1000，如图 5-108 所示。

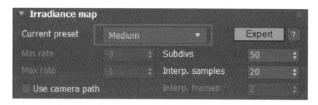

图 5-107 设置 "Current preset" 为 "Medium"

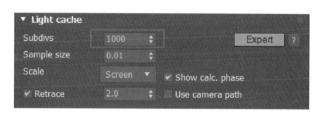

图 5-108 设置 "Subdivs"

5. 渲染效果如图 5-109 所示，归档保存。

图 5-109 渲染效果

参考文献

［1］时代印象：《中文版 3Ds Max 2016 VRay 效果图制作完全自学教程》，人民邮电出版社，2017 年。

［2］陶丽：《3Ds Max 2016 中文版标准教程》，清华大学出版社，2016 年。

［3］时代印象：《中文版 3Ds Max 2016 基础培训教程》，人民邮电出版社，2016 年。

3Ds Max 项目化实用教程